少年儿童百科全书

魅力海洋

（英）鲁斯·西蒙斯 著
韩松 李家坤 译
曹传明 审校

辽宁科学技术出版社
·沈阳·

目录 Contents

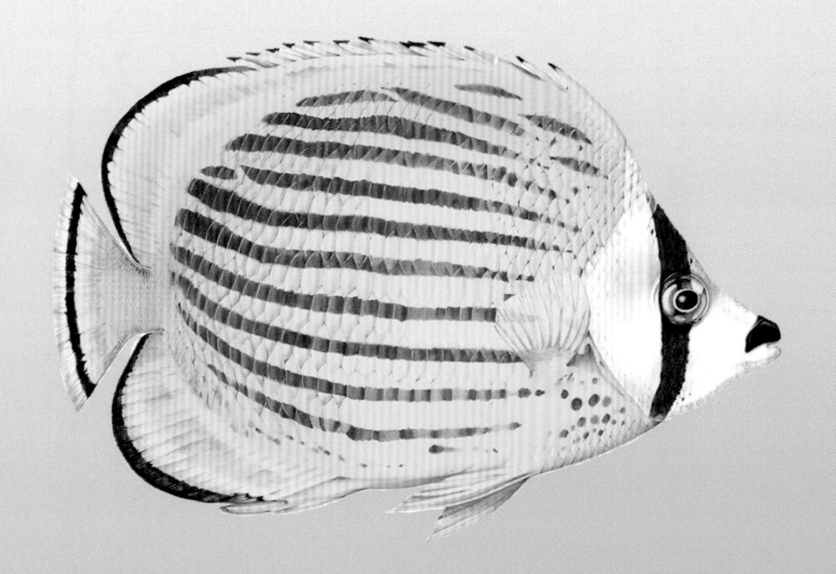

这本书应该怎么看？

每两页有一个简介，用来介绍主题大意，紧接着是关键词。如果想要了解关于主题更多的内容，可以阅读“你知道吗”部分，或者按照箭头指示阅读相关条目。

简介：这部分是关于主题的简要介绍和一些基础知识。

箭头：延伸阅读，如果你想了解更多，请直接翻到箭头所指的那页。例如（➡26）表示向后翻到第26页。（⬅6）表示向前翻到第6页。

你知道吗：向小读者介绍更多有趣的知识点。

无脊椎动物 Invertebrates

无脊椎动物指的是没有脊骨的动物，它们形状、大小各不相同，许多无脊椎动物只生活在海洋里。海洋无脊椎动物是一个庞大的、种类繁多的群体，包括珊瑚（➡16）、海葵（➡24）、海胆、海星（➡25）和许多甲壳纲动物、软体动物、蠕虫。甲壳纲动物和软体动物有时被划分在一起，称为贝类动物。

水母

节肢动物（Arthropods）：具有肢体连接和外骨骼的昆虫和甲壳纲动物，它们的外骨骼由既轻巧又结实的物质构成，通常称之为甲壳质。外壳能够支撑和保护动物的躯体。在节肢动物的生长过程中，外骨骼会蜕皮，然后长出新的。

蚌类（Bivalves）：拥有双壳的软体动物，两个壳由弹性铰链连接，比如扇贝、牡蛎和贻贝。

头足类（Cephalopods）：一种拥有大大的头部的软体动物，喙嘴周围长满触角。包括乌贼、章鱼、墨鱼、鹦鹉螺。它们非常聪明，能够改变自己的颜色，吓跑捕食者，或融入周围环境来逃避捕食者。

腔肠动物（Cnidarians）：有刺细胞的腔状无脊椎动物。有些动物，比如珊瑚虫（➡17）和海葵（➡24），借助向上的触角运动；另外一些，比如水母，利用向下垂在水中的触角漂浮在海面上。腔肠动物利用触角里的刺细胞来麻痹猎物。

螃蟹类（Crab）：身体又圆又平，有4对蟹爪和1对用来取食和防御的夹爪。大多数螃蟹生活在海底，但也有一些生活在沙洞里甚至陆地上，以腐烂的动植物尸体为食。

6

甲壳动物（Crustaceans）：头上有两对触角的节肢动物，如蟹、龙虾、磷虾（➡23）和藤壶（➡24）。

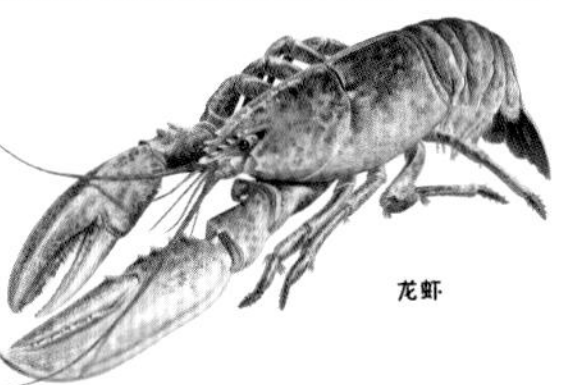

龙虾

棘皮动物（Echinoderms）：一种皮肤上有刺的无脊椎动物。骨骼主要由碳酸钙骨板构成，包括海星（➡25）、海胆和海参。

腹足类动物（Gastropods）：用一只大脚走路的软体动物，如蜗牛、蛞蝓和海螺。有些腹足纲动物具有坚硬的、保护性的外壳。

水母（Jellyfish）：身形像钟一样有很多触角的刺细胞动物。水母身体的90％都是水，没有心脏、骨骼和大脑。一些水母靠喷水推进运动，但大多数随洋流而漂浮，它的触角上有刺细胞，可以麻痹猎物。

海胆

喷水推进（Jet Propulsion）：一些水母和头足类动物的运动方式，它们先把水吸入囊内，然后喷出，水向后喷射的力量能够推动身体向前游动。

龙虾（Lobster）：甲壳纲动物，身体修长，有8条腿和1对大钳子，生活在海底的浅水区，以海星、海胆、贝类和蟹类为食。龙虾的一只钳子用来压碎捕食到的食物，另一只钳子用来切碎食物。

软体动物（Molluscs）：具有柔软的躯体，有硬壳保护的无脊椎动物，主要包括腹足类、蚌类和头足类。

扇贝通过迫使水从壳内排出来推动身体在水中游动

你知道吗

- ★ 在无脊椎动物中，章鱼的大脑最大。
- ★ 大多数无脊椎动物体态对称，身体的一半和另外一半看起来完全相同，只有海绵动物除外；棘皮动物5辐对称，即它们能被分成5个完全相同的部分。
- ★ 狮鬃水母是世界上最大的水母，触角长达50多米。
- ★ 一些水母，如箱水母，身上的毒刺能让被刺中的人在几分钟内死亡。

裸鳃类（Nudibranch）：一种颜色亮丽的海蛞蝓，以海葵（➡24）为食，背部的角突有很多刺，用来防御捕食者。

章鱼（Octopus）：头足纲动物，身体呈袋状，有内壳，有8个爪子，可以用来攻击敌人、抓取食物和爬行，它们生活在海底，以蟹类和龙虾为食，最大的章鱼臂展达9米，被认为是最聪明的无脊椎动物。

裸鳃类

扇贝（Scallop）：一种软体动物，两个硬壳由铰链连在一起，它们通过快速合上硬壳，迫使水从壳里迅速流出来推动身体向前移动。

海参（Sea Cucumber）：生活在海底的软体棘皮类动物，它主要以泥沙中死亡的动植物为食，长有5排脚，嘴周围长满了触角。

海蛞蝓（Sea Slug）：像蜗牛一样爬行的海洋软体动物，由于没有外壳保护，一些海蛞蝓通过保护色进行自我保护，另一些用毒素来保护自己。

海螺（Sea Snail）：具有硬壳的腹足类软体动物，包括贝壳、蛾螺、食用螺。

海胆（Sea Urchin）：一种棘皮类动物，体型又小又圆，浑身长满刺，以海草和其他植物为食，嘴长在身体下方，这样当它爬行时可以方便进食。

海绵（Spong）：无脊椎动物，没有嘴、心脏、大脑、躯干和四肢。附着在固体表面生存，通过皮肤上的细小毛孔过滤海水，获取食物。

乌贼（Squid）：头足纲动物，身体尖长，有8支爪和两个长的触角，体内有软骨，能够保护内脏。它们眼睛很大，视力极好。

触角（Tentacle）：一种灵活的肢体部分，没有骨骼和关节。

蠕虫（Worms）：一种体型细长、身体柔软的生物。有些种类的蠕虫生活在海里或岸边的沙土里。

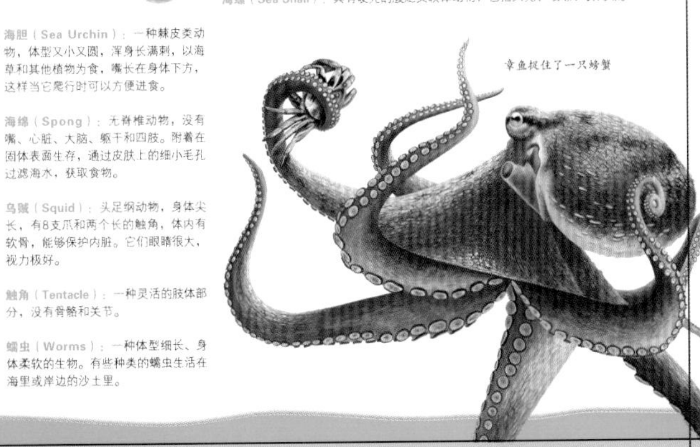

章鱼捉住了一只螃蟹

7

关键词和条目：带颜色的关键词是这一主题中小读者们应该了解的知识点，后面的文字是对这个词语的详细解释。

页码：让小读者轻易找到自己想看的那页。

海洋区域 Ocean Zones

海洋覆盖了地球面积的71%，由海水（海面栖息环境）和海床（深海栖息环境）这两种动植物栖息环境组成。根据获得光照的多少，这两种环境被分成几个区域，大多数海洋动物生活在海面以下200米以内的区域，因为这里聚集了小型动植物，能为海洋动物提供丰富的食物。但也有一些动物生活在黑暗的、水温接近冰点的深海里。

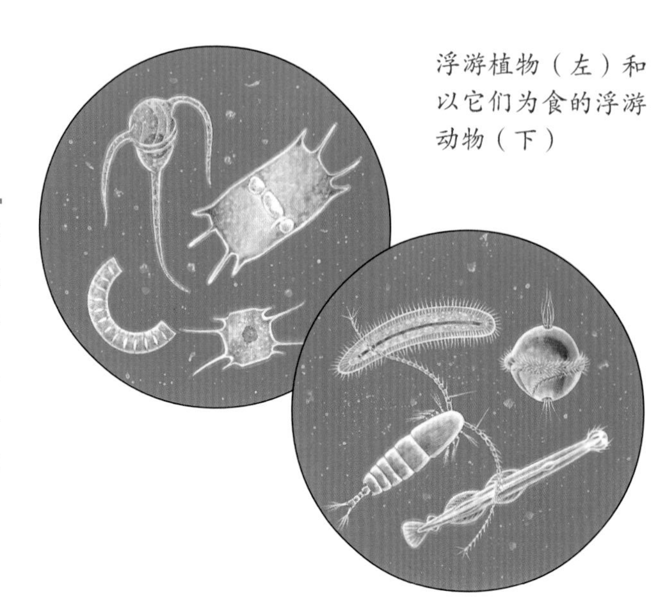

浮游植物（左）和以它们为食的浮游动物（下）

深海平原（Abyssal Plain）：海面以下4000～6000米处的海床，被一层厚厚的泥层（海泥）所覆盖，生活在这里的动物必须能从海泥里钻进钻出，或者能够在海泥上滑行。

深海带（Abyssal Zone）：从海面以下4000米开始，一直延伸到海床的水域，只有少数动物生活在这里。

深层带（Bathypelagic Zone）：海面以下1000～4000米处的区域，这里的大多数动物是深棕色、紫色或灰色，主要是为了和周围环境相融合，躲避捕食者。

海底带（Benthic Zone）：海洋的底部，这里到处都是裸露的岩石、珊瑚或厚的泥层。

海底烟柱（Black Smoker）：位于大洋中脊处的黑色岩石“烟囱”，这些“烟囱”在海底裂缝上方形成，有炎热、富含硫黄的水从烟柱里喷出，“烟囱”口附近水域动物很多，这里有以富含硫黄的水为食物的细菌和其他以细菌为食物的动物，这些动物中最令人惊异的是长达3米的管虫。

大陆架（Continental Shelf）：大陆向海洋的自然延伸，环绕大陆的浅海地带，海水深度不超过200米。

大陆斜坡（Continental Slope）：插入深海平原的大陆架的陡峭部分，海面上的腐烂物质不断聚集在斜坡上，形成了柔软的海泥。

深海海沟（Deep sea Trench）：海床上的深谷，大多位于海面以下6000～11000米处。当构成地壳的巨大板块挤压在一起时，其中的一块会滑到另一块下面，这就形成了海沟。

海洋光合作用带（Epipelagic Zone）：海面以下200米以内、阳光能够到达的区域，这个区域光线充足，能够保证植物通过光合作用生产食物，海洋里种类繁多的生命大多聚集在这里。

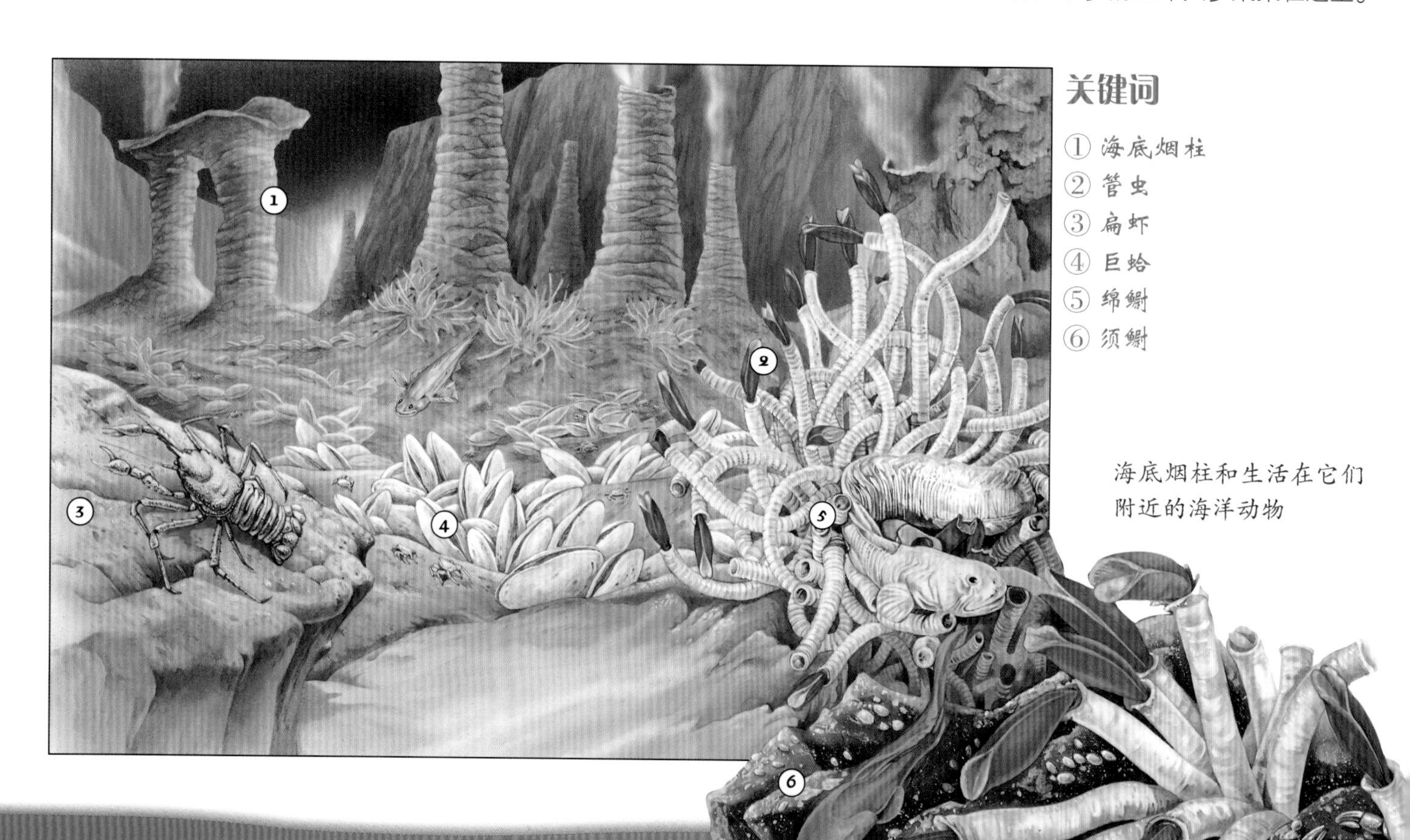

关键词

① 海底烟柱
② 管虫
③ 扁虾
④ 巨蛤
⑤ 绵鳚
⑥ 须鳚

海底烟柱和生活在它们附近的海洋动物

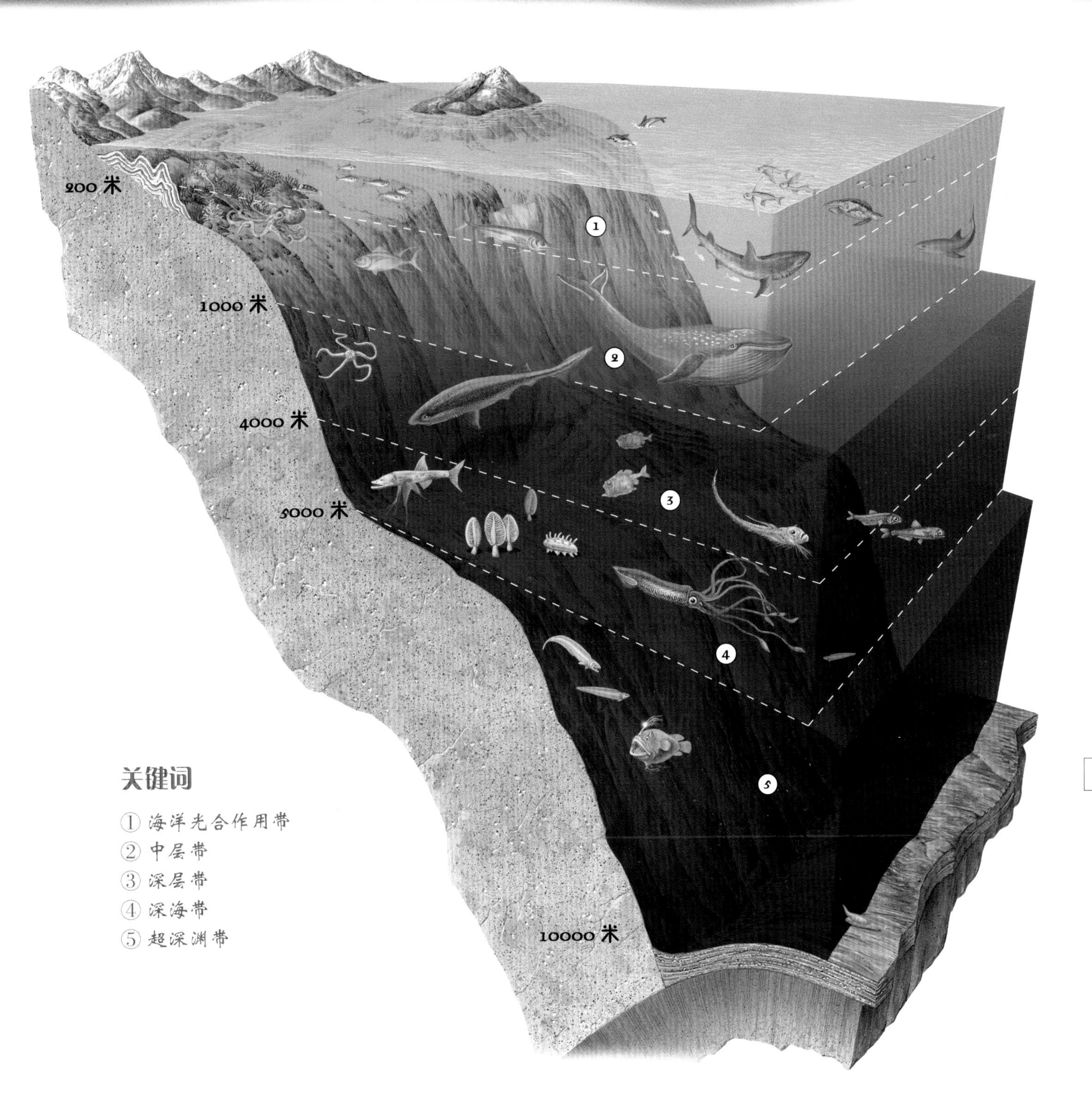

超深渊带（Hadal Zone）：位于深海海沟，是以希腊神话中冥界之神哈德斯命名的。不可思议的是，这里也有动物。它们能在海水的巨大压力下生存，因为它们体内没有气腔。

滨海带（Littoral Zone）：海边，海洋临近陆地的地带。

中层带（Mesopelagic Zone）：位于海底200～1000米处，有时也被称为“过渡带”。

大洋中脊（Mid-oceanic Ridge）：海床上的山脉，是由地壳的两大板块边缘处的火山岩喷发形成的。

远洋带（Pelagic Zone）：远离海岸的开阔水域，包括海床以外的所有部分。

浮游生物（Plankton）：漂浮或游在海洋表面的微小植物（浮游植物）和动物（浮游动物）。

光合作用（Photosynthesis）：绿色植物利用阳光作为能量将二氧化碳和水转换成动物所需的有机物的过程。海洋里的光合作用只能发生在透光的浅水区。

浮游植物（Phytoplankton）：漂浮在洋流上的微小植物，通过光合作用来溶解海水中的养分获取食物，海洋中的大部分植物都是浮游植物。

浮游动物（Zooplankton）：以浮游植物为食物的微小动物，既包括桡足类的小虾、小蟹，也包括小鱼，是许多海洋动物的基本食物。

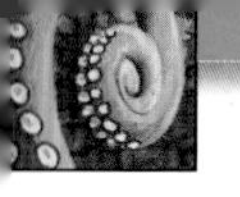

无脊椎动物 Invertebrates

无脊椎动物指的是没有脊骨的动物，它们形状、大小各不相同，许多无脊椎动物只生活在海洋里。海洋无脊椎动物是一个庞大的、种类繁多的群体，包括珊瑚（➡16）、海葵（➡24）、海胆、海星（➡25）和许多甲壳纲动物、软体动物、蠕虫。甲壳纲动物和软体动物有时被划分在一起，称为贝类动物。

水母

节肢动物（Arthropods）：具有肢体连接和外骨骼的昆虫和甲壳纲动物，它们的外骨骼由既轻巧又结实的物质构成，通常称之为甲壳质。外壳能够支撑和保护动物的躯体。在节肢动物的生长过程中，外骨骼会蜕皮，然后长出新的。

蚌类（Bivalves）：拥有双壳的软体动物，两个壳由弹性铰链连接，比如扇贝、牡蛎和贻贝。

头足类（Cephalopods）：一种拥有大大的头部的软体动物，喙嘴周围长满触角。包括乌贼、章鱼、墨鱼、鹦鹉螺。它们非常聪明，能够改变自己的颜色，吓跑捕食者，或融入周围环境来逃避捕食者。

腔肠动物（Cnidarians）：有刺细胞的腔状无脊椎动物。有些动物，比如珊瑚虫（➡17）和海葵（➡24），借助向上的触角运动；另外一些，比如水母，利用向下垂在水中的触角漂浮在海面上。腔肠动物利用触角里的刺细胞来麻痹猎物。

螃蟹类（Crab）：身体又圆又平，有4对蟹爪和1对用来取食和防御的夹爪。大多数螃蟹生活在海底，但也有一些生活在沙洞里甚至陆地上，以腐烂的动植物尸体为食。

甲壳动物（Crustaceans）：头上有两对触角的节肢动物，如蟹、龙虾、磷虾（➡23）和藤壶（➡24）。

棘皮动物（Echinoderms）：一种皮肤上有刺的无脊椎动物。骨骼主要由碳酸钙骨板构成，包括海星（➡25）、海胆和海参。

腹足类动物（Gastropods）：用一只大脚走路的软体动物，如蜗牛、蛞蝓和海螺。有些腹足纲动物具有坚硬的、保护性的外壳。

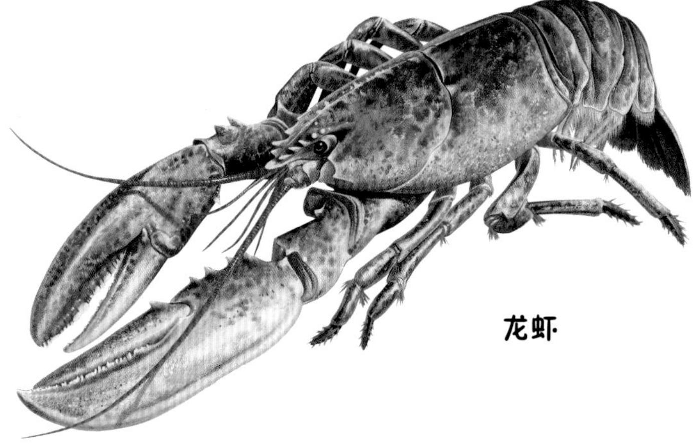
龙虾

水母（Jellyfish）：身形像钟一样有很多触角的刺细胞动物。水母身体的90％都是水，没有心脏、骨骼和大脑。一些水母靠喷水推进运动，但大多数随洋流而漂浮，它的触角上有刺细胞，可以麻痹猎物。

海胆

喷水推进（Jet Propulsion）：一些水母和头足类动物的运动方式，它们先把水吸入囊内，然后喷出，水向后喷射的力量能够推动身体向前游动。

龙虾（Lobster）：甲壳纲动物，身体修长，有8条腿和1对大钳子，生活在海底的浅水区，以海星、海胆、贝类和蟹类为食。龙虾的一只钳子用来压碎捕食到的食物，另一只钳子用来切碎食物。

软体动物（Molluscs）：具有柔软的躯

扇贝通过迫使水从壳内排出来推动身体在水中游动

体，有硬壳保护的无脊椎动物，主要包括腹足类、蚌类和头足类。

裸鳃类（Nudibranch）：一种颜色亮丽的海蛞蝓，以海葵（➡24）为食，背部的角突有很多刺，用来防御捕食者。

章鱼（Octopus）：头足纲动物，身体呈袋状，有内壳，有8个爪子，可以用来攻击敌人、抓取食物和爬行，它们生活在海底，以蟹类和龙虾为食，最大的章鱼臂展达9米，被认为是最聪明的无脊椎动物。

你知道吗

- ★ 在无脊椎动物中，章鱼的大脑最大。
- ★ 大多数无脊椎动物体态对称，身体的一半和另外一半看起来完全相同，只有海绵动物除外；棘皮动物5辐对称，即它们能被分成5个完全相同的部分。
- ★ 狮鬃水母是世界上最大的水母，触角长达50多米。
- ★ 一些水母，如箱水母，身上的毒刺能让被刺中的人在几分钟内死亡。

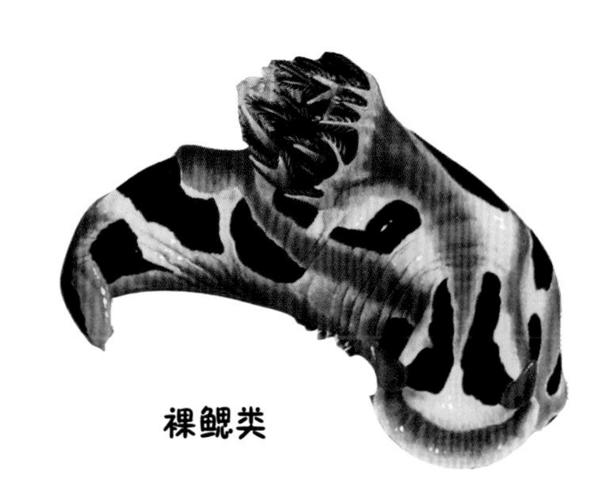

裸鳃类

扇贝（Scallop）：一种软体动物，两个硬壳由铰链连在一起，它们通过快速合上硬壳，迫使水从壳里迅速流出来推动身体向前移动。

海参（Sea Cucumber）：生活在海底的软体棘皮类动物，它主要以泥沙中死亡的动植物为食，长有5排脚，嘴周围长满了触角。

海蛞蝓（Sea Slug）：像蜗牛一样爬行的海洋软体动物，由于没有外壳保护，一些海蛞蝓通过保护色进行自我保护，另一些用毒素来保护自己。

海螺（Sea Snail）：具有硬壳的腹足类软体动物，包括贝壳、峨螺、食用螺。

海胆（Sea Urchin）：一种棘皮类动物，体型又小又圆，浑身长满刺，以海草和其他植物为食，嘴长在身体下方，这样当它爬行时可以方便进食。

海绵（Spong）：无脊椎动物，没有嘴、心脏、大脑、躯干和四肢。附着在固体表面生存，通过皮肤上的细小毛孔过滤海水，获取食物。

乌贼（Squid）：头足纲动物，身体尖长，有8支爪和两个长的触角，体内有软骨，能够保护内脏。它们眼睛很大，视力极好。

触角（Tentacle）：一种灵活的肢体部分，没有骨骼和关节。

蠕虫（Worms）：一种体型细长、身体柔软的生物。有些种类的蠕虫生活在海里或岸边的沙土里。

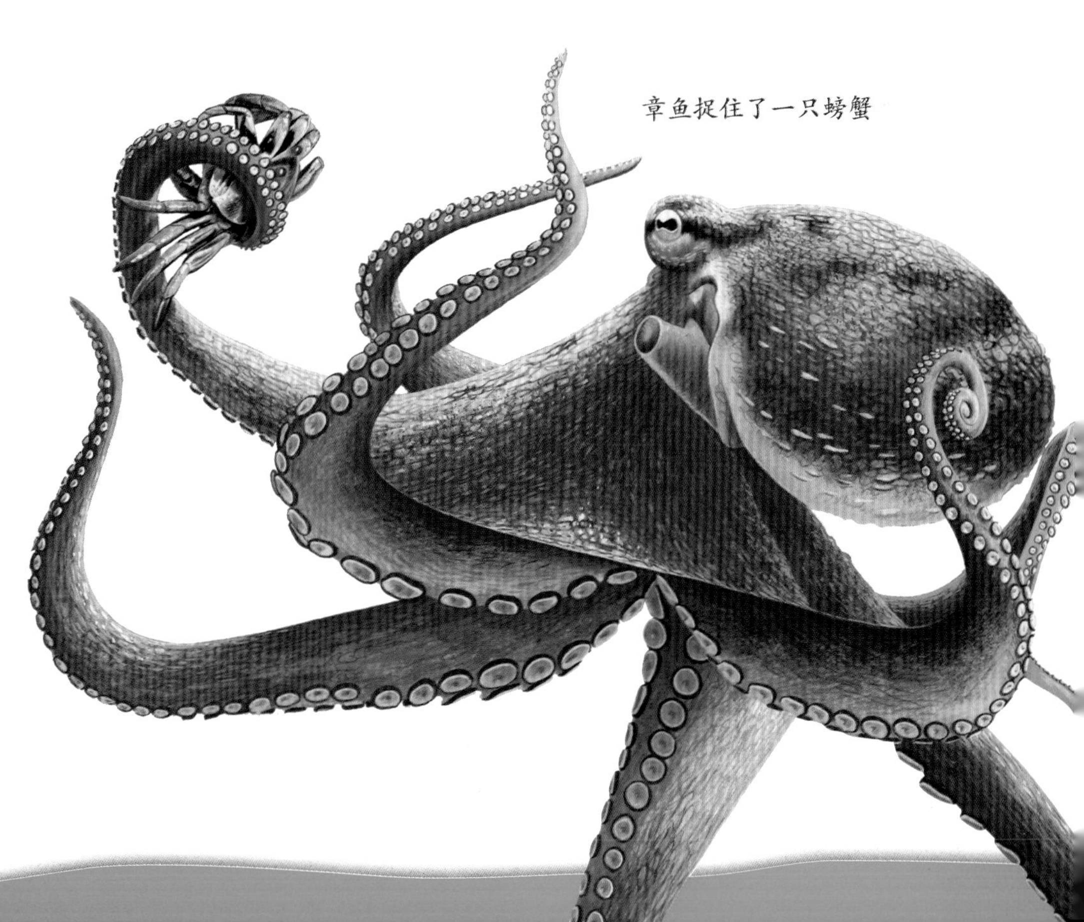

章鱼捉住了一只螃蟹

鱼 Fish

鱼是生活在水里的脊椎动物，用鳃呼吸，它们的肌肉像波浪一样收缩，它们能在水中自由游动。许多鱼的身体呈流线型，有鳍、尾和一层层的鳞。鱼主要有两类：软骨鱼和硬骨鱼。

鱼群沿着同一方向游动

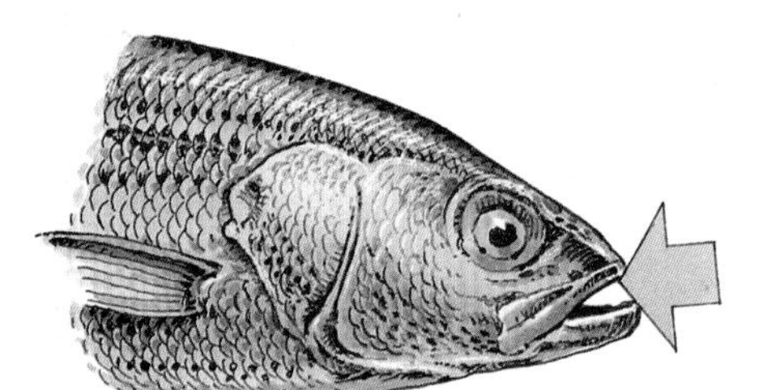

为了呼吸，鱼要张嘴吸进含有氧气的水

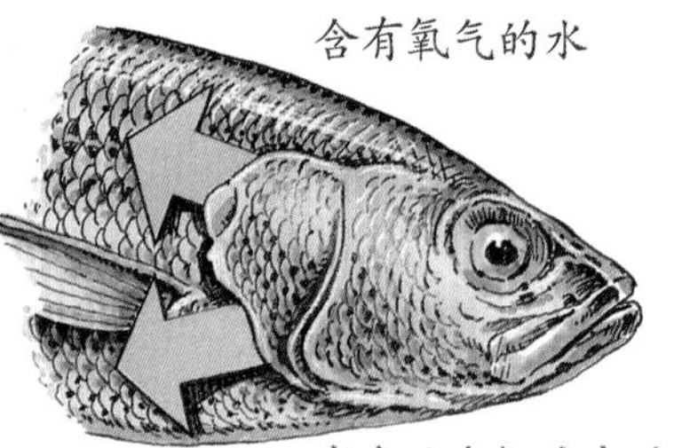

当水从鱼鳃流出时，毛细血管会提取其中的氧气

触须（Barbels）：鱼、魟鱼和一些鲨鱼嘴附近的须状物，触须里有味觉传感器，能帮助鱼在阴暗的水中寻找食物。

河豚（Blowfish）：中型鱼，吞入水后能使身体增大1倍，这时，它身体上尖锐的、有毒的刺会突然立起来，可以吓走任何捕食者，有时也称为刺豚。

硬骨鱼（Bony Fish）：骨架由骨头组成的鱼，大多数硬骨鱼的身体上覆盖着叠状鱼鳞，靠鱼鳔的浮力浮在水面上。

软骨鱼（Cartilaginous Fish）：骨架内没有骨头，只有柔软的、纤维性的软骨，包括鲨鱼和魟鱼。软骨鱼体内没有鱼鳔，因此它们必须不断地游动，才能避免沉入海底。

尾鳍（Caudal Fin）：鱼尾部的鳍，用来帮助鱼在水中游动。

背鳍（Dorsal Fin）：鱼、鲨鱼、鲸、海豚背部的鳍，能帮助它们在游动过程中保持侧立和平衡。

鳗鱼（Eel）：身体细长、呈带状或蛇状的鱼，没有鳞，背鳍很窄，不像其他鱼的背鳍那样从鱼身上竖起，它们生活在大海和河流里，幼体称为幼鳗。

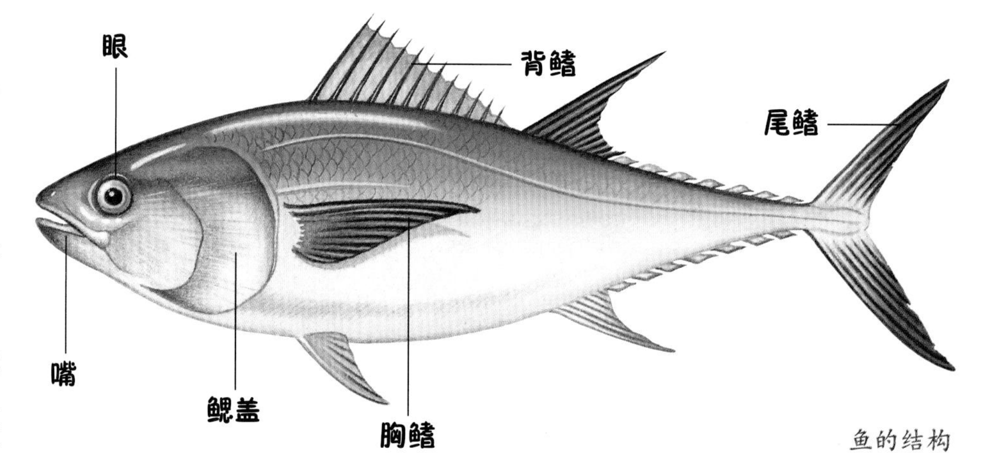

鱼的结构

颜色艳丽的芦苇石鱼是已知的最致命的鱼类之一

鳍（Fins）：鱼等海洋动物身上凸起的宽大、扁平的部分，主要作用是控制游动方向和保持平衡。

鲽形类（Flatfish）：在海底栖息的鱼类，包括比目鱼和鳎，眼睛长在扁平身体的两侧，因此它们能够看见自己上方的捕食者或食物。鲽形类能和海底的沙子融合在一起进行伪装。

飞鱼（Flying Fish）：有像翅膀一样的大胸鳍，能够快速游动，甚至跳离水面摆脱捕食者。

鳃（Gills）：鱼的呼吸器官，负责从水中吸取氧气。鱼把含有氧气的水吸进嘴里，当它通过头两侧的鳃把水排出的时候，毛细血管会提取氧气。硬骨鱼通常在鳃的上方长有起保护作用的鳃盖。

无颚纲鱼形动物（Jawless Fish）：没有颚的细长管状鱼，这种鱼类4亿年前就已经在地球上出现了，但现今存活下来的种类只有七鳃鳗和盲鳗。

飞鱼利用它们像翅膀一样的鳍在水面上方滑行

蓑鲉（Lionfish）：有斑纹的热带鱼，背部的体刺有毒，亮丽的花纹警告着其他动物，它是有毒的。

胸鳍（Pectoral fin）：长在鱼身的两侧，主要的作用是掌握方向。

鳞（Scales）：覆盖在许多硬骨鱼身体表面细小的层状的薄片，大多数鱼都有相互叠加的鳞片，它们能避免水进入鱼的体内，保护身体不受伤害。

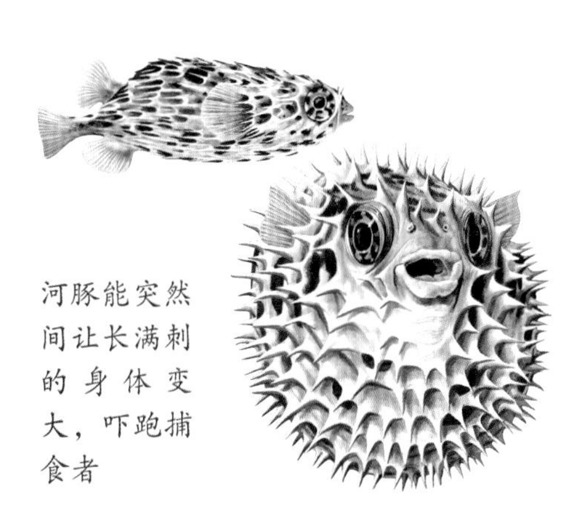

河豚能突然间让长满刺的身体变大，吓跑捕食者

鱼浪（School）：一大群鱼类或海豚类等海洋哺乳动物沿着同一方向游动形成的壮观景象。

鱼群（Shoal）：许多鱼聚集在一起形成的群体。聚集在一起意味着它们一旦遭到捕杀，存活的机会要大一些，另外也利于交配。

石鱼（Stonefish）：身上有斑点，身体呈红色，背部长有毒刺，生活在掩蔽良好的热带海底，受到惊吓时，刺会竖起，放出的毒液即使对人类也是致命的。

鱼鳔（Swim Bladder）：鱼体内的充满气体的器官，能帮助鱼浮在水中某一深度，使鱼不必游动就能漂浮在水中，还能帮助鱼感知周围水域的波动。

剑鱼（Swordfish）：大型食肉鱼，口鼻部细长、扁平，像宝剑一样。剑鱼体态细长，达4.5米，呈流线型，夜晚出现在海面附近捕食，先用口鼻把捕食到的鱼类打晕，然后吃掉。剑鱼游动速度特别快，有时能跳出水面，以每小时95千米的速度在空中快速滑行。

脊椎动物（Vertebrates）：有脊椎的动物，鱼是脊椎动物中的最大类群，种类也是最繁多的。

你知道吗

★ 大多数硬骨鱼的视力非常好，甚至能分辨色彩，它们的眼睛长在头的两侧，视野开阔。

★ 鱼身上的亮丽色彩通常是警告捕食者：它们身上有毒。

★ 多数鱼一次产卵很多，然后让卵自己孵化；少数鱼，如鲨鱼（➡10），把卵存在自己体内，生出小鱼。

★ 鱼是几百万年以前进化的第一批脊椎动物，现在最古老的物种之一是腔棘鱼，它的化石可以追溯到9000万年以前。

★ 腔棘鱼是鱼类和两栖动物联系最近的鱼类，两栖动物是3.75亿年前从水中移居到陆地的。

★ 大约1/4的鱼都群居。

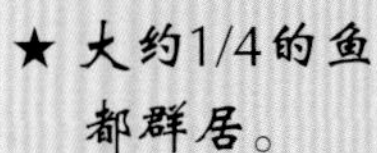

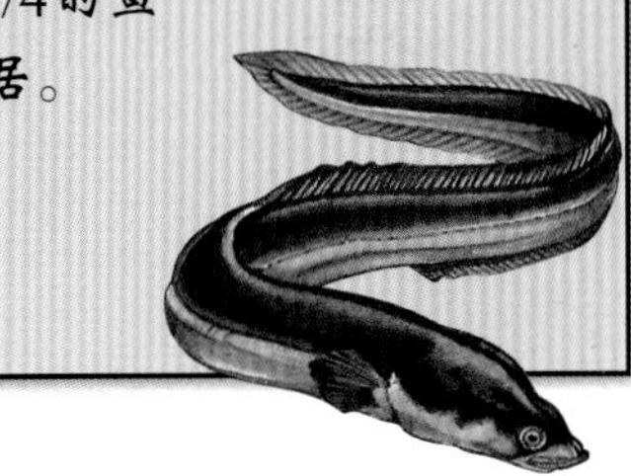

欧洲鳗鱼

蓑鲉

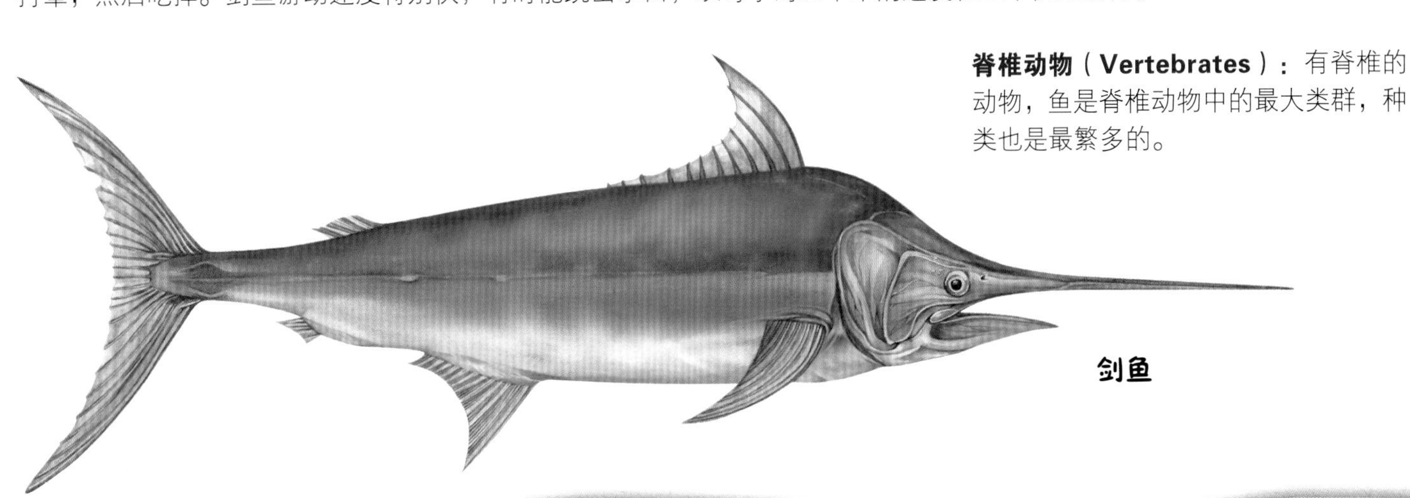

剑鱼

鲨鱼和鳐鱼 Sharks & Rays

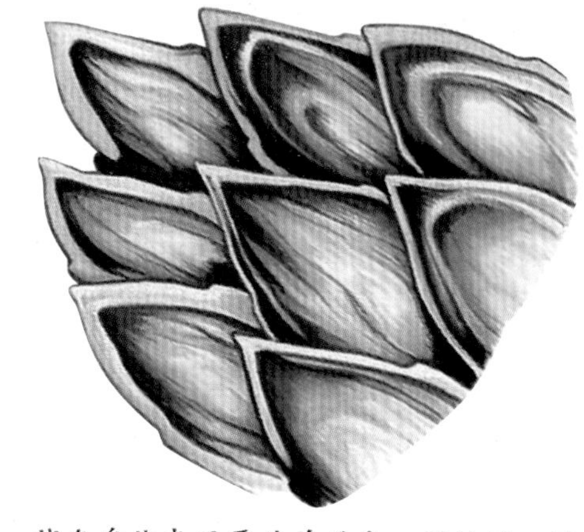

鲨鱼身体表面覆盖着牙齿一样的鳞，摸起来很粗糙

鲨鱼和鳐鱼都是软骨鱼（➡8）。鲨鱼的显著特点是有两排巨大、尖利的牙齿，以鱼和乌贼为食，但有些种类的鲨鱼也捕食大型动物。鲨鱼依靠嗅觉和在水中发现运动中物体的能力捕捉猎物，虽说鲨鱼凶残，但只有大型的、食肉的鲨鱼对人类构成威胁。鳐鱼身体扁平，尾巴细长，有大的、像翅膀一样的鳍，游动的时候会上下、左右摆动。

扁鲨（Angel Shark）： 身长1.5米，头像风筝一样，又宽又平。捕食时，把头埋进海底的沙子里，等待猎物出现，然后对它发起突然进攻。

姥鲨（Basking Shark）： 生活在温和水域的大型鲨鱼，游动时嘴大张着，过滤并食用水中的浮游动物（➡5）。姥鲨最长可以长到12米，性情温顺，对大型鱼和人类不会构成威胁。

大青鲨（Blue Shark）： 长4米，背部深蓝色，腹部白色，生活在远洋，以鱼类为食。

刺鳐

鲸鲨

潜水员

公牛鲨（Bull Shark）： 一种大型的、具有攻击性的鲨鱼，成年公牛鲨身长达3.5米，通常生活在温暖的海岸，但有时也会出现在河流里，是对人类构成威胁的最危险的鲨鱼之一。

吐火银鲛（Chimaeras）： 一种和鲨鱼、鳐鱼有亲缘关系的软骨鱼，长长的身体和尾巴，眼睛很大。

达摩鲨（Cookiecutter Shark）： 长50厘米，身体棕色、体型修长。口鼻短，进食时，用锋利的牙齿从猎物（金枪鱼、海豚、鲸鱼等）身上咬下一块块又圆又厚的肉。

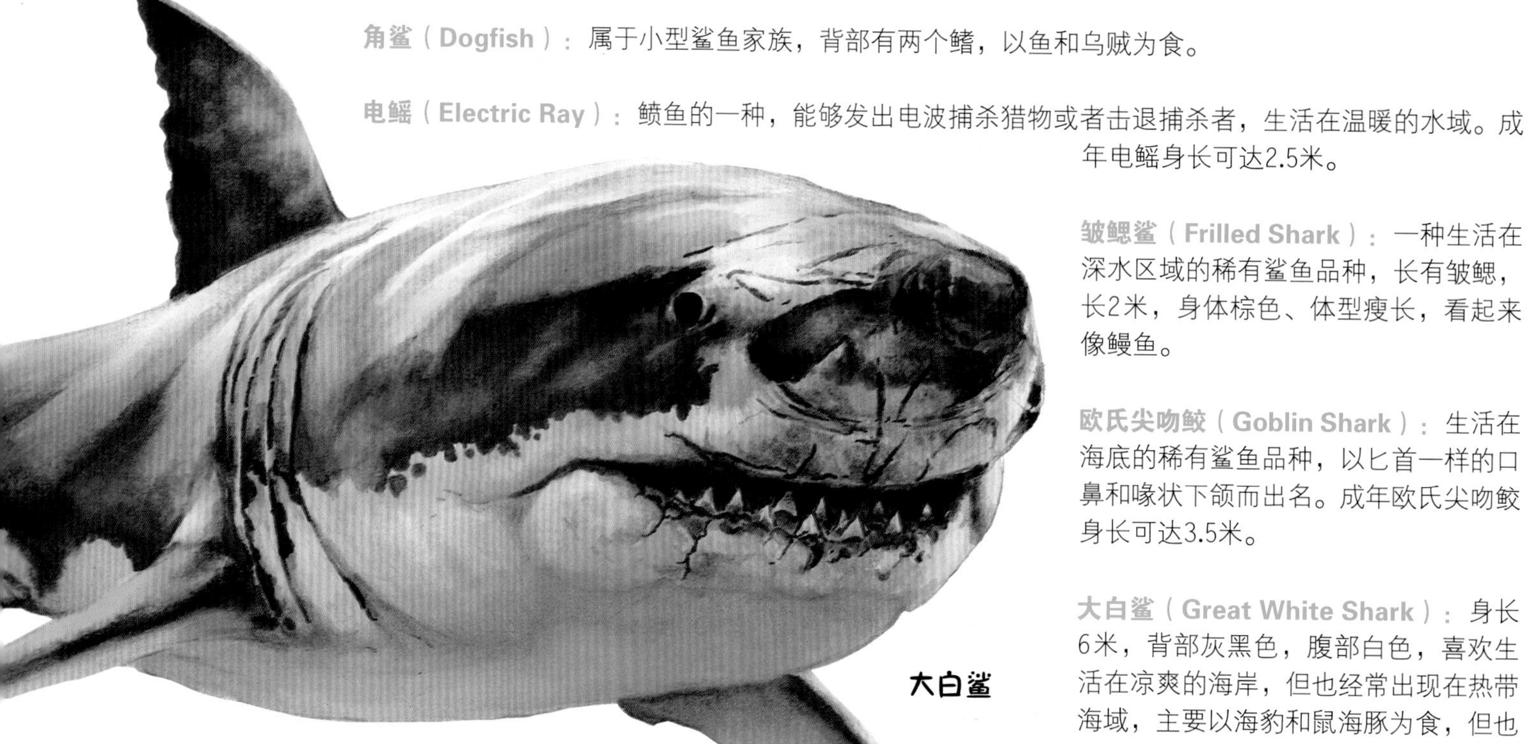

角鲨（Dogfish）： 属于小型鲨鱼家族，背部有两个鳍，以鱼和乌贼为食。

电鳐（Electric Ray）： 鳐鱼的一种，能够发出电波捕杀猎物或者击退捕杀者，生活在温暖的水域。成年电鳐身长可达2.5米。

皱鳃鲨（Frilled Shark）： 一种生活在深水区域的稀有鲨鱼品种，长有皱鳃，长2米，身体棕色、体型瘦长，看起来像鳗鱼。

欧氏尖吻鲛（Goblin Shark）： 生活在海底的稀有鲨鱼品种，以匕首一样的口鼻和喙状下颌而出名。成年欧氏尖吻鲛身长可达3.5米。

大白鲨（Great White Shark）： 身长6米，背部灰黑色，腹部白色，喜欢生活在凉爽的海岸，但也经常出现在热带海域，主要以海豹和鼠海豚为食，但也袭击人类，是对游泳者构成威胁的、最危险的鲨鱼之一。

双髻鲨（Hammerhead Shark）：最显著的特点是头像锤子一样，眼睛长在两侧，这种非同寻常的结构让它们能够快速观察到猎物。大多数的双髻鲨以鱼、乌贼或者甲壳纲动物为食，但大型品种也会对人类构成威胁。

灰鲭鲨（Mako Shark）：世界上速度最快的鲨鱼，时速可达50千米，身体强大有力，呈流线型，鱼身靛蓝色，成年灰鲭鲨身长可达4米。

鬼蝠鲼（Manta Ray）：鲼鱼中最大的品种，成年时可达7.6米。鬼蝠鲼在西班牙语中的意思是“斗篷”，是指它的外形像斗篷一样。因为它的两个鳍像角一样，因此也称之为“魔鱼”，以用筛状的鳃过滤水中的微生物为食。

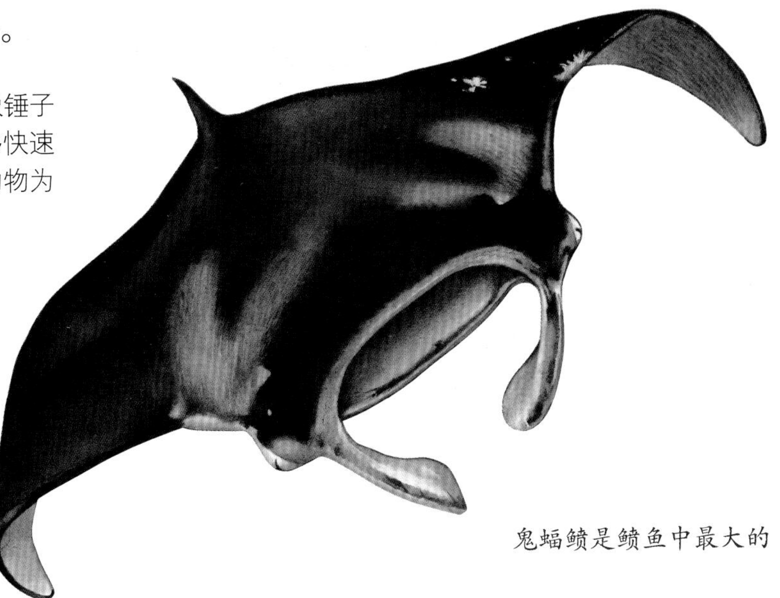

鬼蝠鲼是鲼鱼中最大的

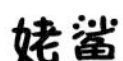

姥鲨

角质卵壳（Mermaid's Purse）：包在鲨鱼或鳐卵外的壳，通常产在海底进行孵化。

铰口鲨（Nurse Shark）：生活在热带水域的海床上，成年后身长可达2.5米，夜间进食，用柔软的嘴吸取海床上的食物。

礁鲨（Reef Shark）：通常生活在珊瑚礁附近，身长不超过3米，速度快，具体的品种包括：白边礁鲨 、黑边礁鲨、加勒比礁鲨、银边礁鲨。

剑鲨（Saw Shark）：显著特点是口鼻长，牙齿尖利，生活在海床上，进食时用口鼻猛击捕获到的鱼和乌贼，成年剑鲨长约1.5米。

你知道吗

- ★ 世界上有350多种鲨鱼。
- ★ 如果鲨鱼进食时咯掉了牙齿，会长出新的替代原来的牙齿。
- ★ 鲨鱼嗅觉灵敏，能够嗅出水中1/1000000滴的血液。
- ★ 据报道，每年发生的鲨鱼袭击人类的事件为50～70例，致死率不超过4%。

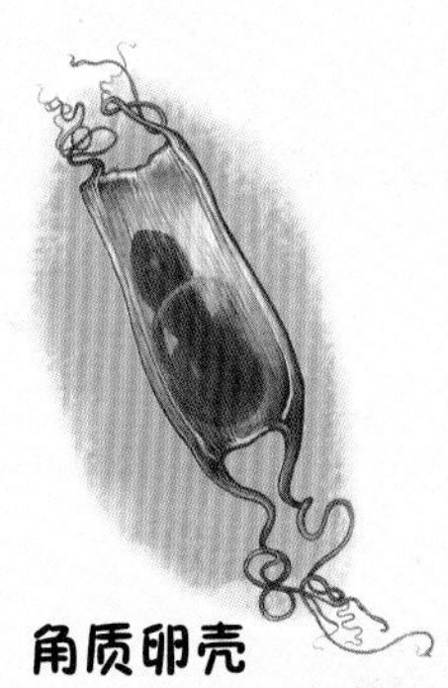

角质卵壳

鳐（Skates）：扁体软骨鱼，和鲼鱼是近亲。和鲼鱼一样，有宽阔的翅膀和长长的尾巴，和鲼鱼不同的是，它们的口鼻很长。

黄貂鱼（Stingray）：鲼鱼的一种，尾部的体刺能发出毒液，人被刺后会非常痛苦，鱼被刺后会丧命。它们生活在热带的浅水区。

长尾鲨（Thresher Shark）：长长的上尾鳍拍打海面，把鱼聚集在一起。尾巴还能用来打昏猎物，身长约4.5米，尾巴和身体一样长。

虎鲨（Tiger Shark）：长5米，身上有黑色的、老虎一样的斑纹，在热带海洋的珊瑚礁附近觅食，几乎什么都吃，对人类有威胁。

鲸鲨（Whale Shark）：一种棕色的大型鲨鱼，背部有白色斑点，生活在热带水域，是世界上最大的鱼，成年鲸鲨长达15米，有牙齿，但很小，没有实际功能，以浮游生物、磷虾或小鱼为食，通过鱼鳃过滤海水来获取这些食物。

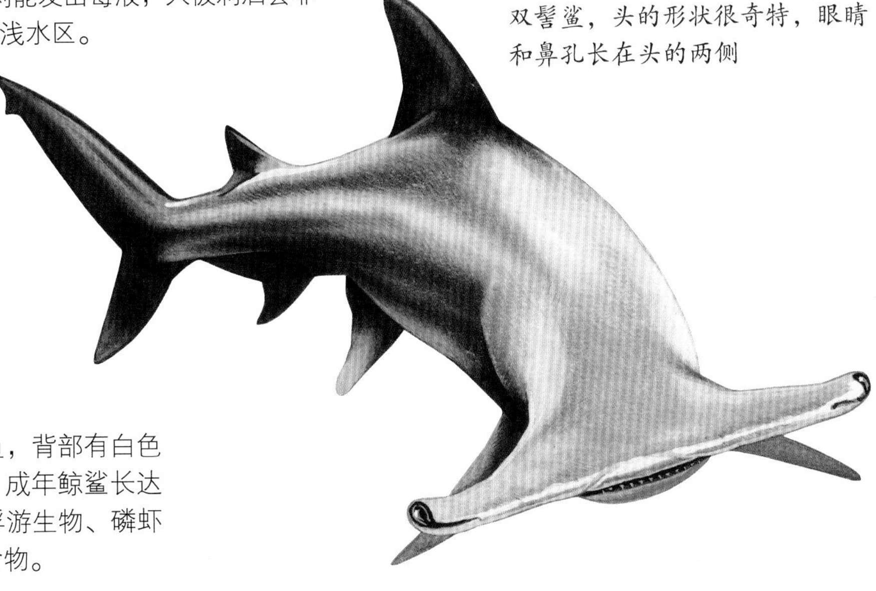

双髻鲨，头的形状很奇特，眼睛和鼻孔长在头的两侧

鲸和海豚 Whales & Dolphins

鲸和海豚是生活在水里的哺乳动物。和其他哺乳动物一样，它们必须呼吸空气。鲸身体很长，呈流线型，有些鲸以浮游动物（⬅5）为食，通过过滤海水获取食物；另一些鲸有牙齿，以鱼或鱿鱼为食。海豚体型比鲸小，都有牙齿，智商很高，喜欢玩耍。有些海豚在船只旁游泳，乘着船首激起的波浪而行，人们称之为“船首乘浪”。

虎鲸鲸跃

须鲸（Baleen Whales）：没有牙齿，进食时先大口吞食海水，然后用嘴里的须过滤浮游动物（⬅5）等海洋微生物，再把它们吞下去。

鲸须（Baleen）：一些鲸鱼嘴里环绕的纤维角质须，用来从海水中过滤食物。

呼吸孔（Blowhole）：鲸鱼或海豚长在头顶用来呼吸的鼻孔。

蓝鲸（Blue Whale）：地球上最大的动物，成年蓝鲸身长可达30米甚至更长，生活在寒冷的水域，以各种磷虾为食。

瓶鼻鲸（Bottlenose Whale）：身材修长，背鳍长在背的后部。嘴像鸟喙一样，非常尖，雄性有两只獠牙，大概是争夺异性时争斗的武器。

弓头鲸（Bowhead Whale）：生活在冷水海域的黑色大型鲸，以浮游动物（⬅5）为食。

鲸跃（Breaching）：指的是鲸或海豚越出水面。可能是为了快速游动时呼吸空气，或者为了和伙伴交流，或者为了甩掉身上的寄生物，也可能只是为了好玩。

暗色斑纹海豚通过用鳍拍打海面惊吓小鱼的方法把它们聚集在一起

鲸类（Cetaceans）：生活在水里的哺乳动物，包括鲸、海豚和鼠海豚。

回声定位法（Echolocation）：通过发出高频声音获得回声定位固体方位的方法，海豚和鲸就是利用这种方法在低能见度的环境中觅食的。

座头鲸（Humpback Whale）：大型须鲸，身长可达15米，经常向后跃出水面，以过滤水中的磷虾和小鱼为食，因为其独特的“歌声”而闻名。

虎鲸（Killer Whale）：也称逆戟鲸，海豚家族中体型最大的，世界各个海域都可见到，身体黑白相间，成年虎鲸长达8米，以鱼、企鹅、海豹、海狮、海豚甚至鲸为食，主要取决于它的生活区域。

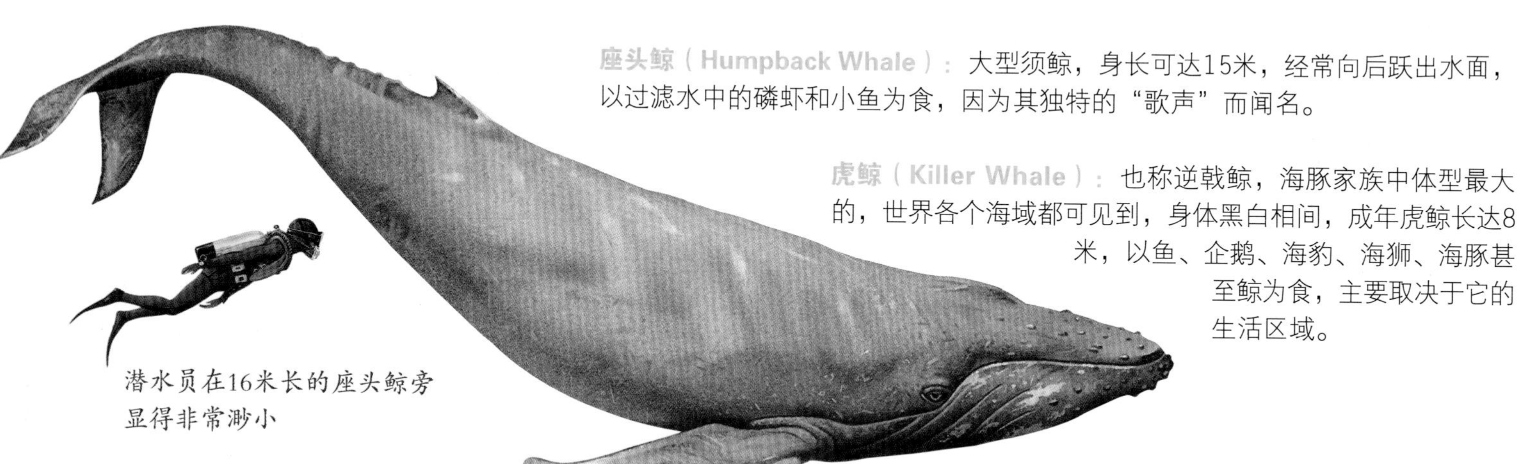
潜水员在16米长的座头鲸旁显得非常渺小

鲸尾击浪（Lobtailing）：指的是鲸或海豚用尾巴拍打海面，在水下几百米远的地方都能听到鲸尾击浪的声音，这种行为可能是为了和同伴交流，或者是为了恐吓猎物。

漂浮（Logging）：一些鲸的休息方式，漂浮在水面上，背部和尾鳍露出水面。

须鲸通过大口吸入富含海洋浮游生物的海水获取食物

当须鲸把水吐出的时候，水中的浮游生物被其过滤并吞食

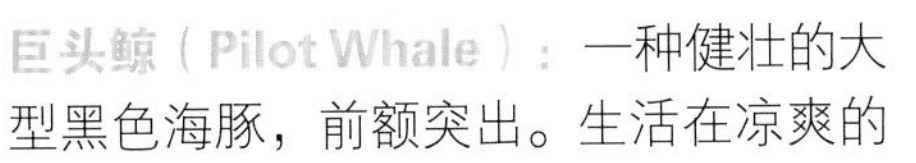

巨头鲸（Pilot Whale）：一种健壮的大型黑色海豚，前额突出。生活在凉爽的深海区，以乌贼和鱼为食，显著的特点是嘴角向上翘起，像“微笑”一样。

海豚群（Pod）：集体行动的一群海豚，有雄海豚、雌海豚和小海豚。一群海豚可以一生都不分开。

鼠海豚

鼠海豚（Porpoises）：一种长牙的小型鲸目动物，是鲸鱼和海豚的近亲，身材比海豚更加粗短结实，口鼻更圆。大多数鼠海豚都非常害羞，尽可能待在水面以下，人类很少能看见它们。

露脊鲸（Right Whales）：行动缓慢的须鲸，经常出现在岸边，脂肪含量高于其他鲸类，因此曾经是捕猎者的理想捕获目标。

江豚（River Dolphins）：生活在南美洲和亚洲的小型海豚，显著特点是口鼻长。

须鲸科（Rorquals）：包括蓝鲸在内的须鲸科成员的统称，身材修长，速度快，下颌和腹部有明显的沟槽。

抹香鲸（Sperm Whale）：大型齿鲸，成年时身长可达20米，可潜至水下3000米处捕食巨乌贼（➡20），潜水过程中可屏住呼吸1小时以上。

水柱（Spouting）：鲸跃出水面呼吸时，通过喷气孔把气体从肺内排出，温暖的气体遇到凉爽的空气后凝结，形成长长的水柱。

窥视（Spy-hopping）：鲸把头探出水面环顾四周。这样做可能是为了寻找捕食对象，也可能仅仅是出于好奇。

齿鲸（Toothed Whales）：有牙齿的鲸目动物，包括抹香鲸和海豚。

你知道吗

- ★ 鲸能发出各种声音表达愤怒、伤心和震惊。有证据表明，它们可以通过“唱歌”彼此交流。
- ★ 鲸群成员经常分担职责，比如，照看幼崽。当一头雌性抹香鲸潜水寻找食物时，它会把幼崽交给另外的雌鲸照看。
- ★ 自从17世纪以来，人们为了获取鲸肉和鲸油一直大规模捕杀鲸，进入20世纪后，捕鲸在许多国家被禁止。但是在此之前，已经有许多鲸被捕杀掉，导致许多鲸种，如蓝鲸、北太平洋露脊鲸等处于濒危状态。

海豚的鲸跃

海鸟 Seabirds

海鸟生活在海洋附近，以鱼、乌贼、蠕虫或甲壳纲动物为食。有些海鸟从空中或高处的岩石上俯冲入水中觅食，有些在水面上方盘旋觅食，还有些，如企鹅（➡22），能在水中游泳追逐猎物。大多数海鸟的翅膀是防水的，爪子很粗糙、有蹼，这能帮助它们涉水或抓住滑溜溜的鱼。许多海鸟聚集在一起产卵，通常一次只产一枚卵。

塘鹅

信天翁（Albatross）：白色的大型海鸟，可以连续飞行好几个月，以乌贼、章鱼和鱼为食，漂泊信天翁和皇家信天翁的翼展能达到3.5米，是现存鸟类中翼展最大的。

海雀（Auk）：生活在北极海域的一种黑白相间的潜鸟，在体形和水下熟练游泳的能力方面和企鹅很像，但和企鹅不同的是，它们会飞。海雀包括海鸠、海鹦、小海雀和小海鸦。

信天翁从海里叼起一只乌贼

鲣鸟（Booby）：黑白相间的大型海鸟，从空中俯冲捕食，生活在热带地区，以鱼和乌贼为食。某些种类的鲣鸟有彩色的足和喙。

鸟群（Colony）：一起筑巢栖息的一大群鸟。大约95%的海鸟都是群居的，每年都会返回同一个地点筑巢。有些种类把巢筑在地面上，有些把巢筑在悬崖边或洞穴里。

鸬鹚（Cormorant）：黑色的长颈海鸟，生活在海岸线附近，从空中俯冲至海面捕食鱼类，用脚游泳追逐猎物。

军舰鸟（Frigatebird）：黑白相间的大型海鸟，在交配季节，雄性的喉囊变红膨大，目的是吸引异性。军舰鸟有时会啄其他鸟的尾巴，迫使它们放弃捕食到的食物，然后把别人的食物据为己有。

塘鹅（Gannet）：黑白相间的海鸟，从30米高空俯冲潜水，在水中迅速游动捕食猎物。

鸥（Gull）：白色或灰色的大鸟，生活在沿海地区，以浅水区的螃蟹和鱼类为食，同时也捡拾或偷取其他鸟类的食物。海鸥有50多个品种，包括银鸥和黑头鸥。

蛎鹬（Oystercatcher）：黑白相间的涉禽，嘴和腿呈红色，生活在海边，用长嘴在沙子和浅滩中寻找蠕虫、甲壳纲动物和贝类，如牡蛎。

鹈鹕（Pelican）：大型海鸟，喉囊很大，像渔网一样用来兜接水中的鱼，当囊中的水排尽时，鹈鹕就会把里面的鱼吞下。

海燕（Petrel）：棕色或灰色的小型海鸟，潜水海燕利用翅膀作为动力在水面滑动捕食鱼类，暴风海燕用喙捕食海面的鱼和浮游生物。

跳水捕食（Plunge Diving）：塘鹅和鲣鸟等海鸟的捕食方式，利用空气冲量在水面捕食。

一只棕色的鲣鸟潜入水中追逐猎物

海雀（Puffin）：黑白相间的小型海鸟，橘色的足，橘色、蓝色条纹相间的喙，利用翅膀在水中滑行追逐鱼类，喙一次能叼住多条小鱼，然后带回巢喂养幼鸟。海雀的巢在地下，有时在废弃的兔子洞里。

潜水追逐（Pursuit Diving）：海鸟在水下追逐猎物的一种捕食方式，有些捕食者，如海雀，利用翅膀滑水，另一些捕食者，如潜鸟用足部滑水。

贼鸥（Skua）：生活在极地地区的灰色或棕色海鸟，主要以鱼为食，但也偷其他鸟类的食物或抢夺其他鸟类的蛋或幼崽，一些大型的品种，如大贼鸥，甚至能杀死并吃掉其他成鸟。

一只大贼鸥袭击一只暴风海燕，目的是夺走它捕获的食物

燕鸥（Tern）：灰色或白色的海鸟，和鸥是近亲，生活在海岸线附近，以甲壳纲动物和小鱼为食，从高空俯冲水中捕食。

鹲（Tropicbird）：大型的白色海鸟，尾巴上的羽毛长而尖，在远洋的岛屿上繁殖。捕食时先在海面上盘旋寻找目标，然后俯冲而下捕食猎物。

滨鹬（Waders）：所有进入浅水区觅食的长腿鸟，如蛎鹬和杓鹬，通常生活在海边。

蹼足（Webbed Feet）：脚像船桨一样，脚趾之间有皮瓣，有利于水中动物和水鸟游泳。

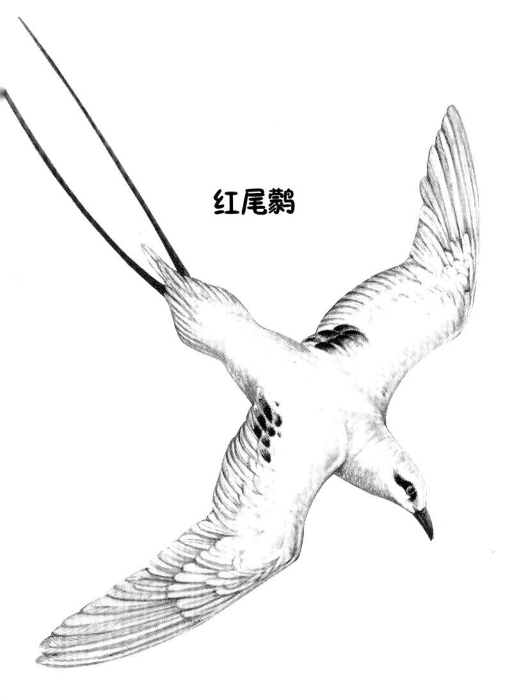

你知道吗

★ 海鸟的寿命通常比陆地上的鸟寿命长，可长达20～60年。

★ 海鸟喝水和进食的时候会吸进大量海水，它们能利用眼睛上方的特殊腺体去除、释放多余的海水，去除多余的盐分，盐水会沿着喙流下滴落。

★ 一些在悬崖筑巢的海鸟，如海鸠，产的卵是尖尖的、梨形的，这种卵和普通的圆形的卵相比，不容易从岩石边滚入海里。

一群北冰洋海雀

珊瑚礁 Coral Reefs

珊瑚礁是由珊瑚虫的坚硬骨架形成的，分布在火山岛或多岩石的沿海地带浅水区周围，这里气候温和，海水清澈，生机勃勃。许多小型动物以珊瑚内的藻类植物（➡18）为食。珊瑚是一些动物（如鹦嘴鱼和棘冠星鱼）的食物。鲨鱼、魟鱼和梭鱼等是捕食海藻和珊瑚的动物。

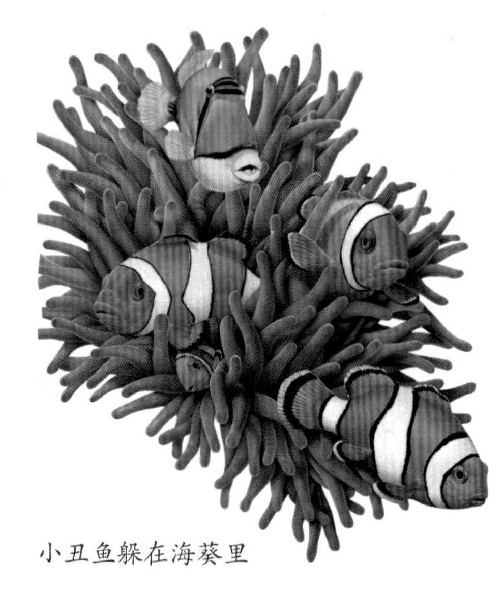
小丑鱼躲在海葵里

环礁（Atoll）：环状的珊瑚岛，是由于珊瑚礁在火山岛周围不断增大而形成的。火山停止喷发后将沉入海底，在它逐渐下沉的过程中，珊瑚礁不断向上增长，最终就形成了水面以上能看见的环礁。

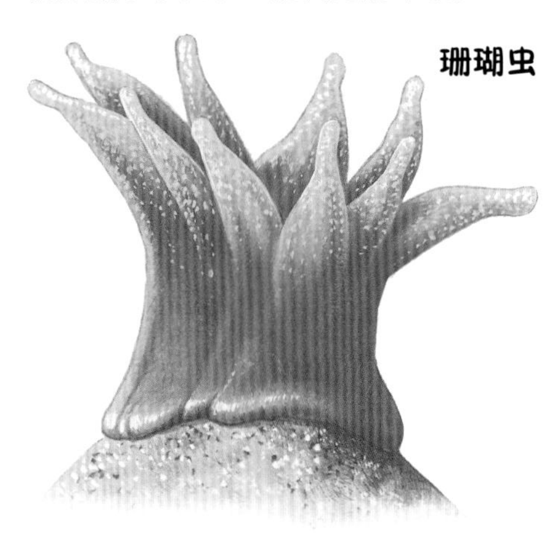
珊瑚虫

梭鱼（Barracuda）：长2米，在珊瑚礁附近觅食。面目狰狞，尖牙从下颌向前突起，喜欢集体觅食。

堡礁（Barrier Reef）：被环礁湖分开的珊瑚礁，和裙礁相比，堡礁距离岸边更远。

蝴蝶鱼（Butterflyfish）：色彩亮丽、尾巴上有像眼睛一样斑纹的小鱼，以甲壳纲动物和珊瑚虫为食。尾巴上像眼睛一样的斑纹会诱导捕食者攻击鱼身的错误部位，这样蝴蝶鱼就有机会逃生了。

小丑鱼（Clownfish）：橘色和白色相间的小鱼，生活在海葵（➡24）有毒的触须里面，鱼身有一层黏液保护它不会中毒，但它的天敌被蜇后会丧命。

珊瑚（Coral）：微小动物珊瑚虫的骨架形成的坚硬物质。不同类别的珊瑚虫会形成不同形状的珊瑚，有的像长满枝条的植物；有的扁平，像一把扇子；有的又长又细，像管子；还有的圆圆的，像人的脑袋。只有活珊瑚的表面会布满各种颜色的水藻。珊瑚虫骨架下面的各层都是白色的。

棘冠海星（Crown-of-thorns Starfish）：长满尖刺的大海星。刺有毒，以珊瑚虫为食，会对珊瑚礁的存在构成威胁。

岸礁环礁（Fringing Reef）：多岩石海岸线附近的浅水区形成的珊瑚礁。

毛瑞鳗鱼（Moray Eel）：身长3米的鳗鱼，躲藏在珊瑚裂缝里，等待时机跳出来捕食鱼或龙虾。

关键词

① 毛瑞鳗鱼	⑨ 裸鳃类
② 海蛇	⑩ 棘冠海星
③ 礁鲨	⑪ 蝴蝶鱼
④ 海胆	⑫ 石斑鱼
⑤ 海马	⑬ 巨型砗磲
⑥ 蓝刺尾鱼	⑭ 狮子鱼
⑦ 天使鱼	⑮ 管海绵
⑧ 鳞鲀	⑯ 梭鱼

鹦嘴鱼（Parrotfish）：一种颜色鲜艳长有坚硬喙嘴的鱼。刮取礁石上的藻类植物（➡18）为食，在这个过程中，大块的珊瑚会被它咬掉。喉内的骨板能把珊瑚研磨成细沙，这有利于消化。

珊瑚虫（Polyp）：由胃、口和触须构成的微小动物，柔软身体外有中空的、杯状的骨架保护。珊瑚虫死后会形成坚硬的珊瑚（死亡部分），剩余部分会长出新的珊瑚虫。

海蛇（Sea Snake）：海里的蛇。生活在温暖的热带水域，以鱼和鳗鱼为食。会游到海面呼吸空气，扁平的尾巴有助于游泳。大约有60个品种的海蛇，每种都有毒。许多品种皮肤呈条状，这有助于它们在海里斑斓的光线下进行伪装。

你知道吗

★ 澳大利亚东北海岸的大堡礁是世界上最大的珊瑚礁，长2000多千米。

★ 人们认为许多珊瑚鱼的鲜艳色彩和独特形状能够帮助它们在珊瑚礁附近众多的野生动物中识别出同类。

★ 大约200年前，人们认为珊瑚是植物，而不是动物。

★ 世界上许多珊瑚礁正在受到威胁。海洋污染、海水温度上升、开发旅游纪念品和海运航线等都在摧毁数百万年才形成的珊瑚。

16

15

14

13

12

11

10

9

8

7

6

5

森林和草原 Forests & Meadows

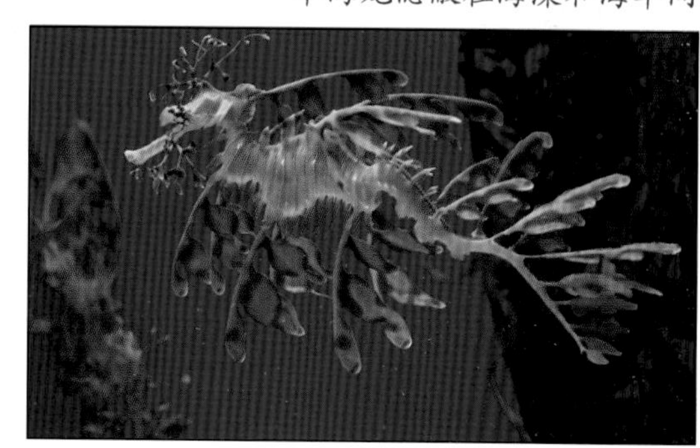
草海龙隐蔽在海藻和海草间

巨藻是海藻的一种，巨藻林在一些气候凉爽、海水清澈的浅水区海底占主导地位，周围生活着许多海洋动物，一些动物以巨藻为食，但这些动物同时也是大型鱼和哺乳动物的捕食对象。海草生长在气候温暖、多沙的浅水区，和巨藻林一样，海草草原是许多种动物的家园。一些海洋动物为了躲避远洋里的危险，会迁徙到巨藻林和海草草原繁育后代。

藻类植物（Algae）：生长在水中或湿地的植物。没有真正的枝干、根须和叶子，包括微小的通常是单细胞的植物，如浮游植物（⬅5）。

红雀鲷（Garibaldi Fish）：一种生活在巨藻林里的亮橙色鱼类。雄性采集海床上的藻类植物筑巢，然后发出短而尖的声音吸引异性。雀鲷会不惜一切代价保护自己的卵，能赶跑身形大自己好几倍的捕食者。

海牛在水草草原进食

巨藻（Kelp）：生长在气候凉爽、能接收到光照的海里的大型海藻。扎根在海底，长出海面获取光照，中空的枝茎可以帮助它在水中保持直立，一天可长50厘米，最大的巨藻可长到30～80米。

海藻鱼（Kelpfish）：身材修长，绿棕色的皮肤让它能隐藏在巨藻里。以甲壳纲动物和小鱼为食，春天，它会把黏性的卵直接产在巨藻上。

海牛（Manatee）：生活在温暖的浅水区的大型海洋哺乳动物。性情温和，身长可达 4 米，尾巴圆圆的，有两只大的脚蹼，没有后肢，每只脚蹼上有3个趾甲，可以帮助它抓住食物（如水草和水生植物）。

鳍足动物（Pinnipeds）：食肉海洋哺乳动物，如海豹和海狮，用4只脚蹼游泳。

海马（Sea Horse）：头部像马、尾巴弯曲的小鱼，生活在珊瑚礁和海草草原等光线暗的区域，尾巴可以缠绕在植物上，以防被海流冲走。

海狮（Sea Lion）：鳍足类动物，有4只脚蹼，头两侧长着两个小的耳壳，在陆地上能用强壮的前蹼支撑身体，在水中追逐鱼、乌贼等猎物时动作非常灵巧，经常到巨藻林觅食。

海獭（Sea Otter）：生活在巨藻林里，身上厚厚的皮毛起保温作用。以海胆（⬅7）为食，从而抑制了海胆的数量。海獭仰浮在水面上，将石头放在肚子上来凿开海胆（⬅7）。

海马把尾巴缠绕在草叶上，以防自己被洋流冲走

正在吃海草的绿龟

海獭夜间把巨藻缠在身上，以防睡觉时被洋流冲走

海龟（Sea Turtle）：海洋爬行动物，身体有坚硬的外壳，长有大的脚蹼，游泳时每隔几分钟要浮出水面呼吸空气。多数品种以鱼、水母和甲壳纲动物为食，但成年绿龟只吃植物，如海草。

海草（Seagrass）：海藻的一种，生长在温暖的浅水区。和大多数海藻不同的是，海草有根，意味着只能生长在有沙子的地方，是海洋里唯一开花的植物。

海豹（Seal）：鳍足类动物，有4只脚蹼，后脚蹼非常有力。在陆地上时，用腹部爬行。以鱼、乌贼和小型的海洋动物为食，定期到巨藻林捕食和玩耍。

海牛目（Sirenians）：身体笨重的食草型海洋哺乳动物，生活在温暖水域，海牛和它生活在河里的近亲儒艮都属于海牛目。

草海龙（Weedy Seadragon）：海马的澳大利亚近亲，身上有奇怪的、像草一样的凸起物，这使它与周围海藻融为一体，便于伪装。

关键词

①巨藻
②海狮
③斑海豹
④海獭
⑤六线鱼
⑥羊鲷
⑦小雀鲷
⑧铁匠鱼
⑨海胆
⑩巨藻鱼
⑪海蛇尾
⑫大螯虾
⑬蝎子鱼

你知道吗

★ 除了为海洋动物提供食物，巨藻还能用来生产纸张、纺织品、牙膏，甚至冰淇淋，人类利用巨藻已有几百年的历史。

★ 水草草原能减缓海浪和洋流的速度，保护海岸不被海水侵蚀。

★ 在冬季的暴风雨中，90%的巨藻林植被会被冲走，冲走夏季生长旺盛的植被可以使阳光在春季照射到海底，有利于新植被的生长。

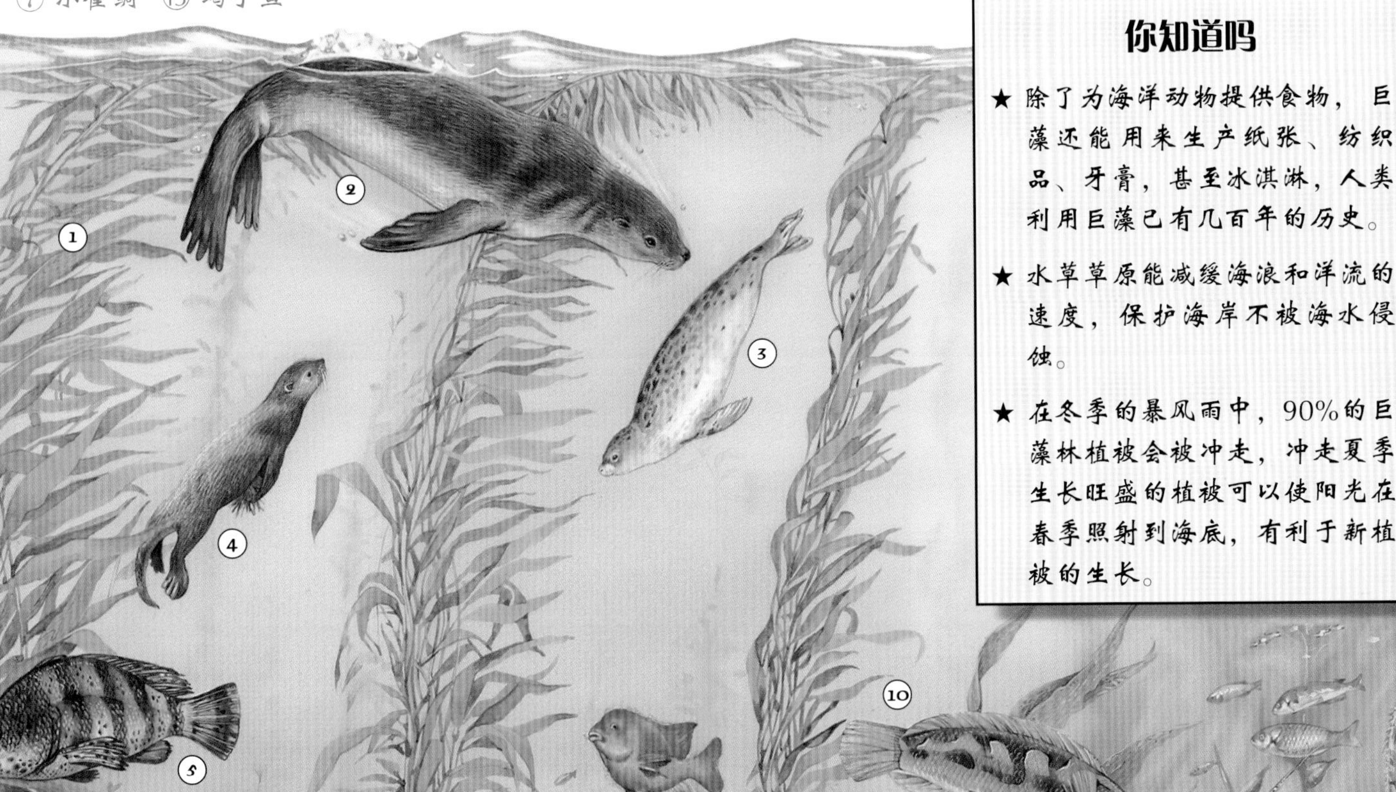

深海生物 Deep Sea Creatrues

200米以下的海洋深处，漆黑、寒冷，植物不能生长，只有少数动物生活在这里。一些动物夜间游到海面觅食；另一些吃海面上沉下来的动植物尸体，或互相残杀。许多深海生物能发光，海底附近水域漆黑，水压巨大，动物依靠触觉或嗅觉寻找食物，一些生活在海底的动物附着在海床上，看起来更像植物而不是动物。

微小的浮游生物的骨架，最后随海水浸入海底的软泥中

琵琶鱼（Anglerfish）： 面目狰狞的深海鱼，背鳍又长又细，头顶长有能发光的拟饵，悬在嘴的前方，当猎物认为拟饵属于微小动物而向它猛扑过去时，琵琶鱼就会合上大嘴把猎物吃掉。有些种类的琵琶鱼有内翻的牙齿，当猎物进入嘴里时，它就会牙齿内翻，将其捕获。大多数琵琶鱼生活在大约海面以下500米的地方。

生物发光（Bioluminescence）： 生物体内的自然光。许多深海动物都能发光。它们可以利用光亮引诱捕获对象，或者和同类交流，还可以利用一亮一灭的光迷惑捕食者。

须鳚（Brotulid）： 世界上海洋最深处的鱼，细长，尾巴尖，生活在海面以下8000米处的海沟里（⬅4）。

一只巨乌贼在与一只抹香鲸争斗

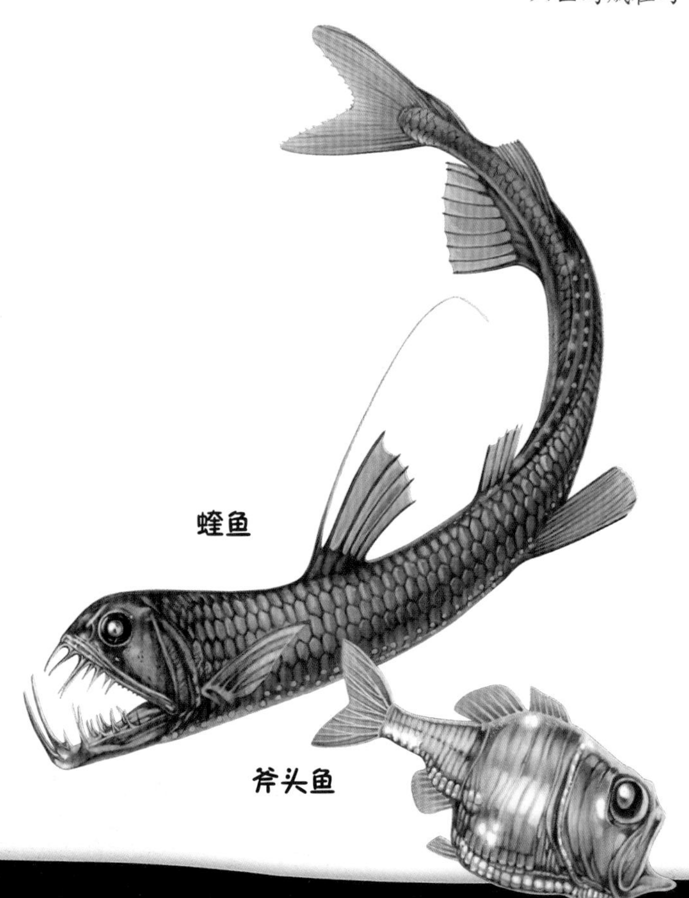

萤火虫鱿鱼（Firefly Squid）： 生活在海面下200～400米处的小型鱿鱼，触须的顶端有发光器官，能闪烁吸引小鱼，整个身体都能发光以吸引异性或迷惑捕食者。

巨乌贼（Giant Squid）： 乌贼（⬅7）的一种，身长能长到至少13米，以深海鱼为食，是抹香鲸（⬅13）的捕食对象。人们认为巨乌贼生活在海面下200～1000米的地方，但对它的研究难度很大，因此人们对它的了解很少。

宽咽鱼（Gulper Eel）： 一种身长2米的鳗鱼，豁嘴，尾巴能发光吸引捕食对象，能在海面下3000米的地方生活。颌非常巨大，胃很有弹性，能吞下比它自己身型大的动物。

斧头鱼（Hatchetfish）： 生活在海面下1500米处、能发光的小型鱼，身体扁平，捕食者很难在水中发现它，以比它更小的鱼为食。

灯笼鱼（Lanternfish）： 能发光的小型鱼。白天生活在海面下300～1500米处的地方，夜晚游到海面捕食浮游动物（⬅5）。

软泥（Ooze）：海底的一层厚泥和沉积物。在有些地方可达500米厚，生活在海底的动物必须能够从软泥中钻出、钻进，或者有办法在软泥中滑行。有些动物吃软泥中的动植物遗骸。

长尾鳕（Rat-tail）：也称腔吻鳕（grenadier），尾巴细长，生活在海底。沿脊柱垂下的特殊传感器能感受到附近其他生物的活动。通过震动附着在鱼鳔（⬅9）上的肌肉，能发出连续的咚咚声，这可能是和同类打招呼的一种方式。

琵琶鱼

吸血鬼乌贼

海鳃（Sea Pen）：生活在深海的无脊椎动物（⬅6），不是单独一个动物，而是一群珊瑚虫（⬅17）。一只珊瑚虫形成长的柄，使群体能够固定在海底，其他的珊瑚虫向四周散开，从水里过滤食物。

海蜘蛛（Sea Spider）：一种像蜘蛛一样的细腿海洋生物，栖息在海底，以海底生物（⬅9）和蠕虫为食，又长又轻的腿让它能够在软泥中自由行走。

三刺鲀（Tripodfish）：生活在海面下5000米处，长长的、高跷状的鳍和尾巴构成三脚架支在海底，供其休息时使用，另一对鳍悬在空中，观察周围生物的活动，发现目标后将其捕获。

你知道吗

★ 海洋越深处压力越大，人无法承受海面50米以下的压力。

★ 1960年，科学家乘水下航行器下潜到太平洋马里亚纳海沟的10911米处，为了阻止来自海面的压力，舱壁的厚度达13厘米。

★ 一些深海动物，如虾，是深红色的，红光是无法到达虾栖息的海底深度的，因此在蓝绿色的海水中被捕食者看不见它们。

★ 海底有许多罐头、瓶子、轮船残骸。海底，特别是航线附近，都是19世纪50年代至20世纪50年代蒸汽船倾倒的燃烧后的煤渣。

吸血鬼乌贼（Vampire Squid）：栖息在海面下600～900米处的小型海洋生物，8只脚之间的皮肤呈网状，上面有能发光的斑点，这些斑点可以快速闪烁，迷惑捕食者。

蝰鱼（Viperfish）：体形细长，颌锋利，牙齿像针一样，生活在海面下80～1500米处，背部脊椎末端有特殊的、能发光的器官，可用来引诱猎物，将其捕获。

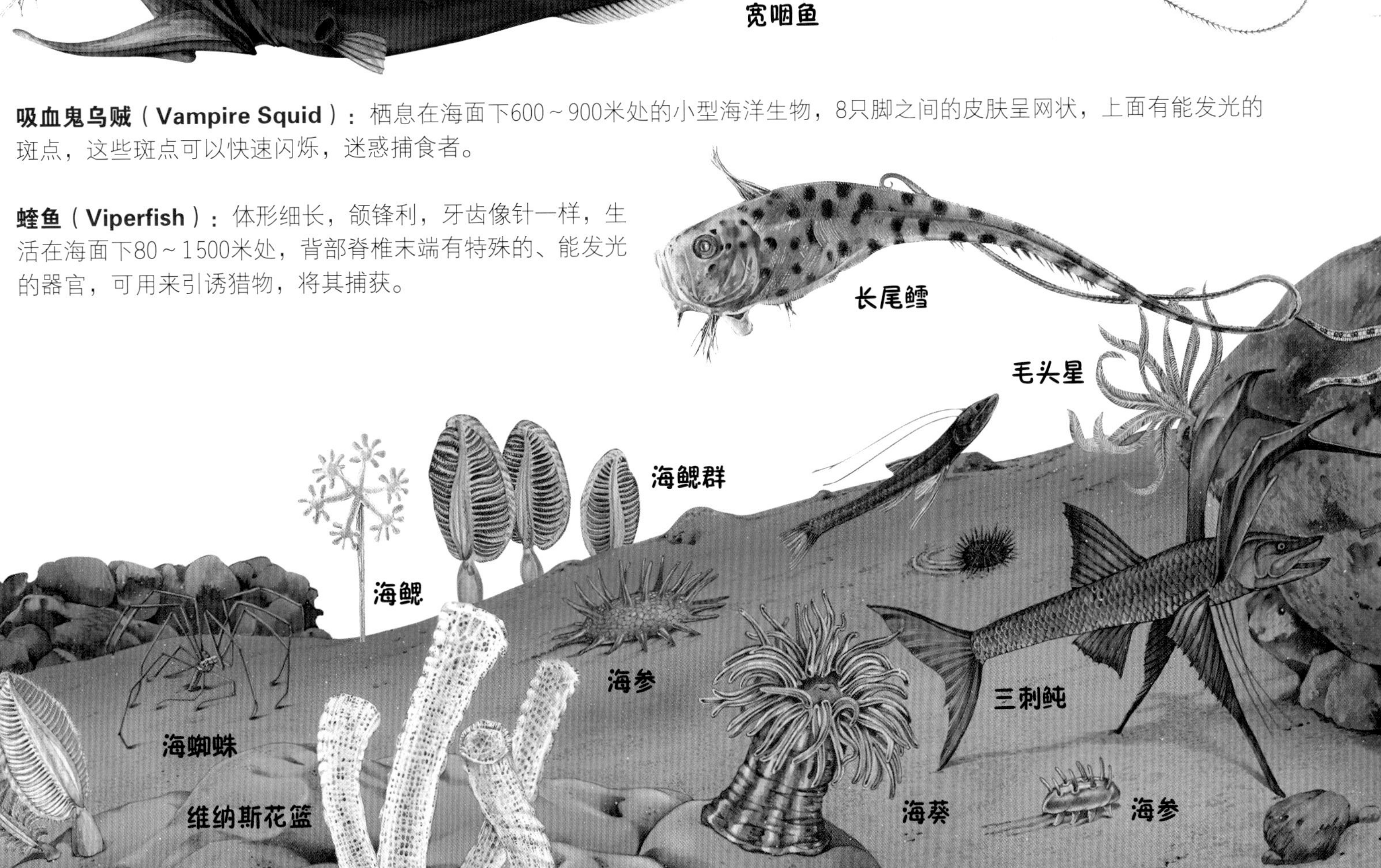

极地水域 Polar Waters

虽然南北极是地球上最冷的地方，但那里的海洋是许多生物的栖息地。北冰洋的大部分地区常年被一层厚厚的浮冰所覆盖，夏天海水里微小的动植物丰富时，鱼、海豹、鲸和海鸟聚集在这里觅食。南极洲面积巨大，大部分被永久性冰冠所覆盖，陆地上食物稀少，因此大多数动物聚集在浮游生物和其他食物丰富的海边觅食。

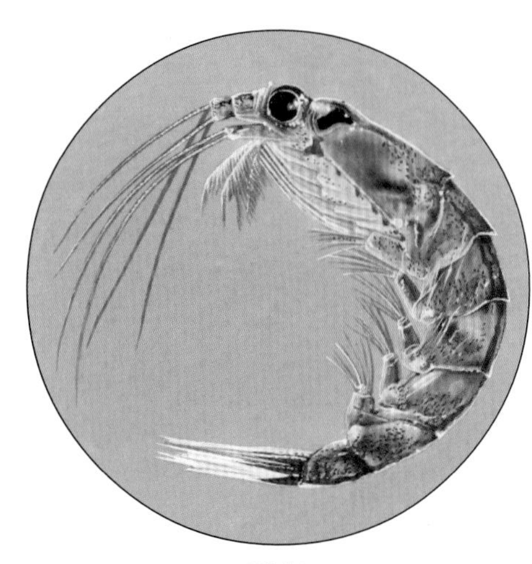

磷虾

阿德利企鹅（Adelie Penguin）：中型企鹅，眼睛周围有白环，是豹形海豹的美食。许多阿德利企鹅在水边徘徊，谁也不敢第一个潜入水中，因为它们害怕残忍的捕食者。

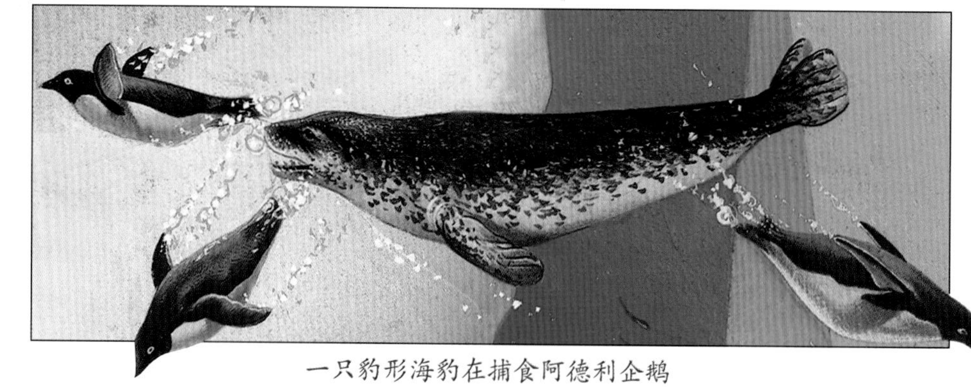

一只豹形海豹在捕食阿德利企鹅

南极洲（Antarctica）：位于南极的大陆，被南大洋所环绕，是地球上最冷的地方。

北极圈（Arctic）：环绕在北极周围的地区，包括北极冰冠和北冰洋。

髯海豹（Bearded Seal）：生活在北极的海豹，因为脸上有许多胡须而得名。

帝企鹅

阿德利企鹅

白鲸（Beluga Whale）：生活在北极，身长5米，夏天，这种颜色特别的白鲸以海底浮冰下的鱼和甲壳纲动物为食。

海兽脂（Blubber）：生活在寒冷海域的海洋动物的皮下脂肪。

通气孔（Breathing Hole）：冰面上的孔，海豹和企鹅游到这里的水面上来呼吸，北极熊有时会守在通气孔伺机捕食海豹。

象海豹（Elephant Seal）：每年迁徙到南极产仔的大型海豹。雄性的鼻子巨大，像树干一样，能发出吓人的咆哮声驱赶竞争对手。

帝企鹅（Emperor Penguin）：体型最大的企鹅，成年时身高达1.2米，是唯一在南极冬季产仔的企鹅品种。雌性捕食时，雄性负责照看企鹅蛋，它们用脚抱住企鹅蛋，使之远离冰面。帝企鹅能在水下停留15分钟。

格陵兰海豹（Harp Seal）：海豹的一种，生活在北冰洋北部和南大洋，身体灰色，但它的幼仔小格陵兰海豹身体呈白色。

银鱼（Ice Fish）：生活在南极水域的半透明鱼，它能在南极生存是因为血液中有一种“抗冻结”的物质使其不会在冰冷的海水中冻僵。

王企鹅（King Penguin）：体型第二大的企鹅品种，群居在南大洋的岛屿，它们是潜水能手，擅长在水中游泳，捕食鱼和乌贼。

磷虾（Krill）：体形似虾的小型甲壳纲动物，是许多极地动物的主要食物，白天栖息在海洋深处，夜晚成群结队游到海面捕食，给鲸和海鸟提供了享用美食的绝好机会。

豹形海豹（Leopard Seal）：身长4米，身上有斑纹，在南大洋捕食，最喜欢的食物是阿德利企鹅，但也吃鱼、鸟，甚至其他海豹的幼仔。

角鲸（Narwhal）：北冰洋的固有鲸种，常年生活在北极，不像其他鲸那样，冬天迁往南方。雄性角鲸有一个长长的、螺旋状的獠牙，实际上是两个牙齿中的一个，可以用来打架。 角鲸以鱼、虾和乌贼为食。

一只北极熊守在冰面上的透气孔伺机捕食海豹

企鹅（Penguins）：一种不会飞的鸟类，许多品种生活在南极洲附近寒冷的南海岸，在陆地上显得很笨拙，但在水里游泳速度很快，姿势优雅，用坚硬的、鱼鳍一样的翅膀在水中划动，捕食鱼和乌贼，身上有多层厚厚的羽毛和一层厚厚的海兽脂保暖，它们通常成群到岸上或冰上繁育后代。

角鲸

北极熊（Polar Bear）：生活在北冰洋的大型动物，身上有一层厚厚的、白色的防水皮毛，皮下的皮肤实际上是黑色的，有助于吸取光照。脚上的爪和毛可以帮助北极熊抓牢冰面。北极熊也是游泳高手，主要以海豹为食，它会守在冰面上的通气孔附近伺机捕食。成年北极熊在冰面上单独行动。冬天，雌性会在雪地里凿出洞穴，躲在里面御寒并产仔。

海象（Walrus）：大型海洋哺乳动物，有两只长长的獠牙、有力的脚蹼。皮下的一层海兽脂利于其在冰冻的北冰洋保持体温。海象是游泳高手，利用敏感的胡须捕食海底的螃蟹和贝类动物。雄性用獠牙充当武器争夺异性。

你知道吗

★ 站在冰面上的时候，企鹅身体内特殊的循环系统能够防止它的脚被冻僵，这种循环系统能使热量保存在血管中，不会通过皮肤散发出去。

★ 海象的獠牙能长到1米长。

★ 在中世纪，角鲸的獠牙被运往南方并当作稀有商品出售，许多欧洲人直到16和17世纪，当他们自己的探险者到达北极时才真正了解角鲸的獠牙到底是什么。

一只两个月大的王企鹅

海岸 Seashore

海岸是指陆地和海洋连接的地方。生活在海岸边的生物必须能够适应潮汐的变化才能生存，它们离开水后的生存能力不同，决定了它们生活在不同的地区。贝类动物能使身体保持湿润，因此栖息在离海边远一点的地方；海星、蠕虫和其他动物栖息在离海边近一点的地方，因为这些地方一天中的大部分时间都是潮湿的。在一些海边的岩石间会形成潮汐池。

触须露出的海葵

触须收回的海葵

海葵（Anemone）：外形像花的海洋生物，是腔肠动物（⬅6）的一种，是水母（⬅6）和珊瑚虫（⬅17）的近亲，它们附着在岩石上，用触须捕食。遇到危险或潮水水位很低时，海葵能收回触须。

藤壶（Barnacle）：外壳呈锥形，柔软的腿用来抓起食物送入口中，它们附着在岩石或其他坚硬的物体上（如：船底，甚至鲸的皮肤上）。

鳚（Blenny）：栖息在岩石多的海边的小型鱼，经常出现在潮汐池里。多数品种的鳚呈绿色或棕色，与周围环境协调一致，能避免被捕食者发现。

穴居动物（Burrowers）：一种海洋生物（如蠕虫、蛤），在潮水低的地下打洞生存以保持身体湿润，同时也是为了保护自己不被海浪冲走或被捕食。

寄居蟹（Hermit Crab）：蟹的一种，本身没有蟹壳，寄居在其他动物的空壳内，以腐烂的动植物残骸为食。

高潮带（High Tide Zone）：海边只有潮水高的时候才被海水覆盖的地区。

吸盘（Holdfast）：能把海藻固定在岩石或海底的吸附结构。

青贝（Limpet）：海边的一种蜗牛，外壳坦滑，圆锥形，附着在岩石上，但当潮水水位高时，会四处游动觅食。

低潮带（Low Tide Zone）：海边几乎永远被海水覆盖的地区，只有在非同寻常的低潮时才会漏出水面，这里聚集着众多海洋生物。

海蚯蚓（Lugworm）：栖息在海边沙滩U形洞穴里的穴居动物。它们把水和食物吮吸到洞穴里，然后再把废物排出洞穴。

贻贝（Mussel）：一种小的黑色贝类。它们附着在岩石上，以海水中的微小食物颗粒为食。退潮的时候，壳会合上，里面贮满水，防止干涸而死。

海藻（Seaweed）：一种附着在海底的藻类（⬅18），既是退潮时一些海边生物凉爽、潮湿的居所，也是一些动物的食物来源。绿藻分布在潮间带上部，褐藻分布在潮间带中部。

浪花带（Spray Zone）：位于潮间带上部，潮水水位高时，浪花会喷射到这里，但是只有在暴风雨时才会被海水覆盖。

你知道吗

★ 寄居蟹有时会和海葵形成伙伴关系。海葵生活在寄居蟹的蟹壳内，给寄居蟹提供伪装并用触须保护寄居蟹不被捕食。作为回报，海葵以寄居蟹吃剩的食物为食。

★ 一些海边生物，如海笋、藤壶、海胆，能钻进岩石中逃避被捕食。它们用硬壳钻进柔软的岩石里，扭转摆动挖出一个通道。

一只海星在用腕撬开贻贝

海星（Starfish）：无脊椎动物（⬅6），有5个腕，嘴长在身体的下方，管足上的吸盘能吸住贝类并撬开，进食里面的肉质部分。如果海星受到攻击，它可断掉一只管足逃脱，断掉的管足会重新长出来。

潮汐池（Tidal Pool）：退潮时，岩石间形成的池子。在阳光的照射下海水会变得非常温暖，潮大时，水会向四周漫延。潮汐池里海洋生物丰富，包括海星、海葵和一些小鱼。如果没有潮汐池，这些海洋生物在远离海水的岸边是无法生存的。

潮汐（Tide）：海水的周期性升降。潮汐是太阳和月球对地球的引力形成的。地球上靠近月球一面（月球对面）的海水向外隆起，形成高潮，同时，地球的其他部分形成低潮。太阳可以增加或减少月球的影响力。

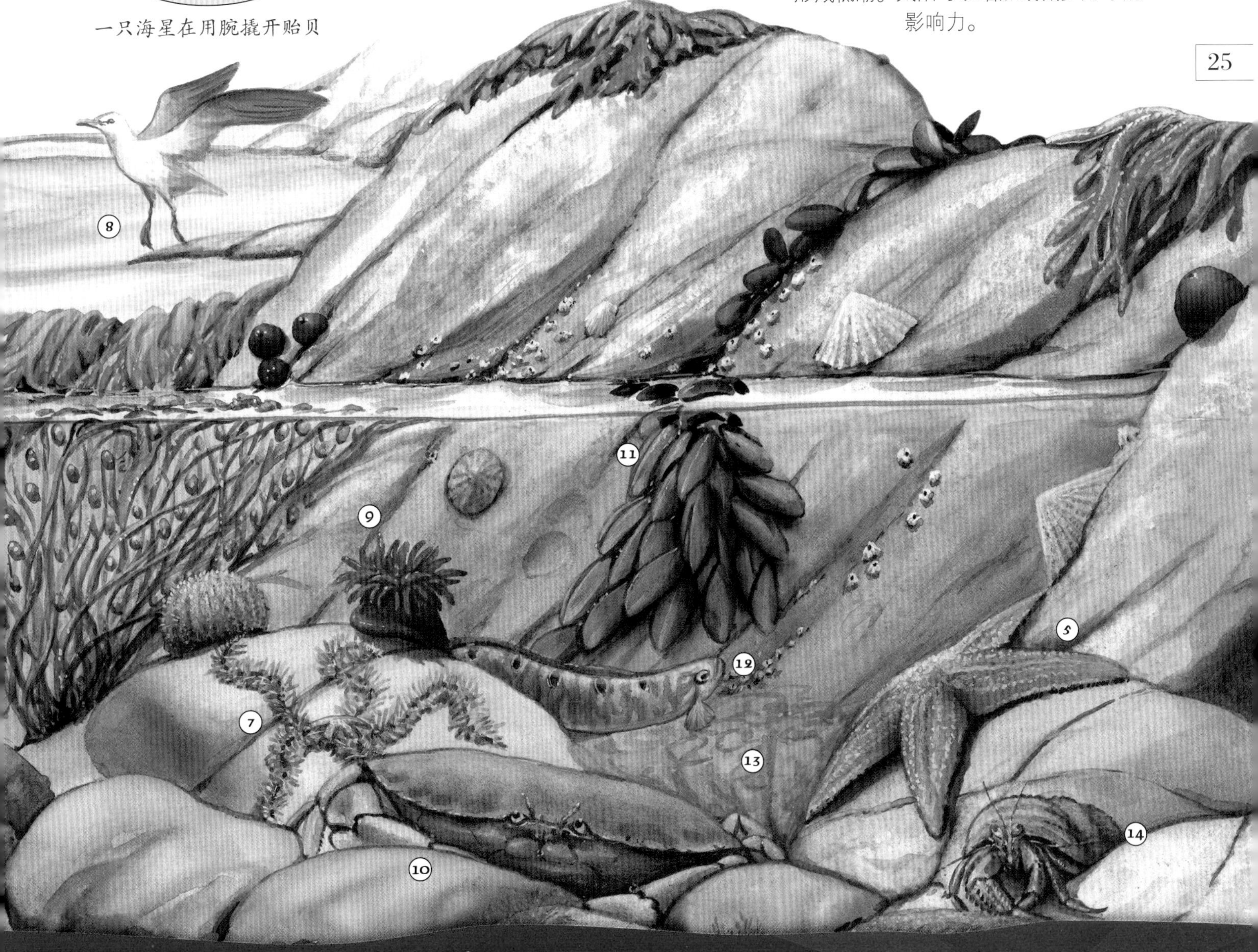

8
9
11
5
12
7
13
10
14

迁徙 Migration

太平洋鲑鱼

许多海洋动物为了繁育后代或为了寻找食物丰富的地方而进行长途迁徙。有些动物每年都要迁徙，另一些动物每隔几年迁徙一次或一生只迁徙一次。动物通过识别陆地上的标志物，观察太阳、星星的位置或利用气味来确定迁徙的路线。科学家认为有些迁徙路线是通过基因一代代传下来的。虽然科学家还不能完全解释动物的迁徙，但可以确定有些动物是靠辨别地球上的磁场来确定迁徙路线的。

短尾鹱

灰鲸

太平洋鲑鱼

太平洋

短尾鹱

北极燕鸥（Arctic Tern）：北极夏季时到北极繁育后代，南极夏季时迁徙到南极寻找食物，迁徙行程达7.1万千米。

欧洲鳗鲡（European Eel）：淡水鳗鱼的一种，孵化期和寿命末期穿越大西洋迁徙到佛罗里达东部的马尾藻海产卵，然后死去。小欧洲鳗鲡随洋流回到欧洲，游进河流里长大。

灰鲸（Grey Whale）：每年在觅食地和繁育地之间迁徙的大型鲸，夏季在北极海域觅食，冬季迁徙到墨西哥的温暖海域繁殖后代。组成小的鲸队进行迁徙，历时2~3个月，行程1万千米。

绿海龟（Green Turtle）：迁徙大约2000千米产卵的大型海龟。每隔两三年，绿海龟会离开巴西海岸，迁徙到大西洋中部的阿森松岛产卵。每次产约100只卵，埋在沙滩上，然后返回大海。

鲑鱼（Salmon）：一种出生在河流，生长在海洋，游回河流产卵的鱼。迁徙的路程超过1.1万千米。人们认为鲑鱼通过识别“家”——河流的味道确定迁徙路线。

灰鲸

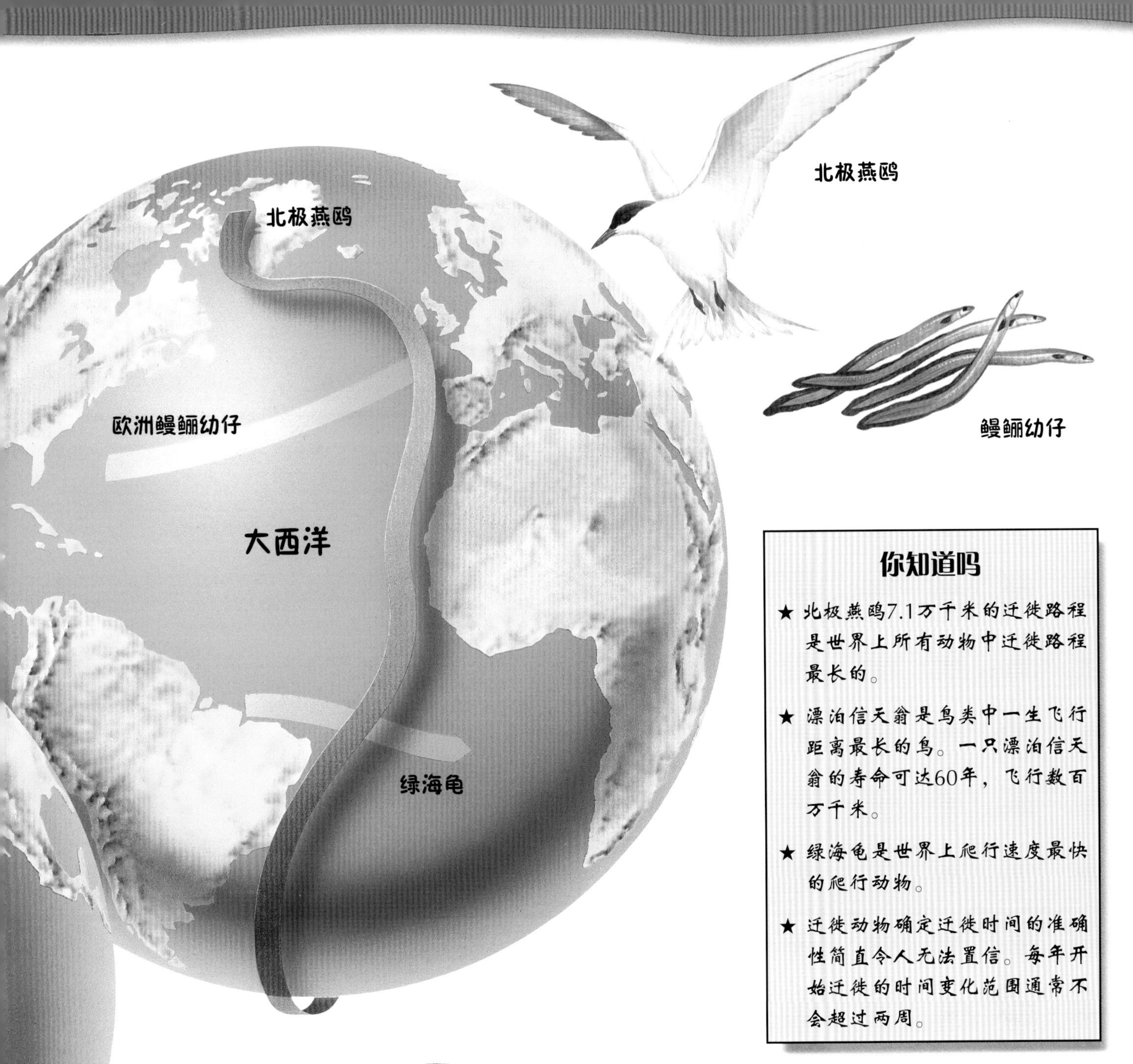

你知道吗

★ 北极燕鸥7.1万千米的迁徙路程是世界上所有动物中迁徙路程最长的。

★ 漂泊信天翁是鸟类中一生飞行距离最长的鸟。一只漂泊信天翁的寿命可达60年，飞行数百万千米。

★ 绿海龟是世界上爬行速度最快的爬行动物。

★ 迁徙动物确定迁徙时间的准确性简直令人无法置信。每年开始迁徙的时间变化范围通常不会超过两周。

短尾鹱（**Short-tailed Shearwater**）：每年有7个月的时间用于迁徙。夏季在澳大利亚海岸繁育后代，4月穿越太平洋迁徙到北方的白令海觅食。每年的单向行程大约1.5万千米。

垂直迁移（**Vertical Migration**）：动物在不同海水深度的上下迁移。例如，一些深海动物，如灯笼鱼或斧头鱼（⬅20），每晚游到海水上层觅食，白天返回深海。

漂泊信天翁（**Wandering Albatross**）：大型海鸟，几乎一生都在飞行，只有繁育后代时才会落在岛屿上。漂泊信天翁夫妇每隔一年会返回它们的出生地——南极洲附近的岛屿筑巢、产卵、孵化，每次只产一枚卵。

绿海龟的仔龟是鸥和蟹的美餐

图书在版编目（CIP）数据

魅力海洋 / (英) 鲁斯・西蒙斯著；韩松, 李家坤译.— 沈阳：辽宁科学技术出版社, 2017.5
（少年儿童百科全书）
ISBN 978-7-5591-0023-8

Ⅰ. ①魅… Ⅱ. ①鲁… ②韩… ③李… Ⅲ. ①海洋－少儿读物 Ⅳ. ①P7-49

中国版本图书馆CIP数据核字(2016)第287837号

出版发行：辽宁科学技术出版社
(地址：沈阳市和平区十一纬路 25 号　邮编：110003)
印 刷 者：辽宁北方彩色期刊印务有限公司
经 销 者：各地新华书店
幅面尺寸：230mm × 300mm
印　　张：3.5
字　　数：100 千字
出版时间：2017 年 5 月第 1 版
印刷时间：2017 年 5 月第 1 次印刷
责任编辑：姜　璐
封面设计：大　禹
版式设计：大　禹
责任校对：徐　跃

书　　号：ISBN 978-7-5591-0023-8
定　　价：25.00 元

联系电话：024-23284062
邮购咨询电话：024-23284502
E-mail：1187962917@qq.com
http：//www.lnkj.com.cn